AF900718

Band 103

OutdoorHandbuch

Ulrike Katrin Peters & Karsten-Thilo Raab

How to shit in the woods

How to shit in the woods

Dieses OutdoorHandbuch wurde konzipiert und redaktionell erstellt vom:

Conrad Stein Verlag GmbH
Kiefernstr. 6, 59514 Welver
023 84/96 39 12
info@conrad-stein-verlag.de
www.conrad-stein-verlag.de
www.facebook.com/outdoorverlag
www.instagram.com/outdoorverlag

Der Nachdruck, die Übersetzung, die Entnahme oder Kopie von Texten, Karten, Abbildungen und Symbolen sowie die Verwertung auf elektronischen Datenträgern, die Einspeicherung in Medien wie Internet (auch auszugsweise) sind ohne vorherige schriftliche Genehmigung des Verlags unzulässig und strafbar.

Copyright Conrad Stein Verlag GmbH. Alle Rechte vorbehalten.

Klimaneutral
Druckprodukt
ClimatePartner.com/53106-2307-1002

Als Outdoor-Verlag sind uns der Schutz und die Erhaltung der Natur seit jeher ein besonderes Anliegen. Auch in Sachen Klimaschutz haben wir eine Vorreiterrolle inne: Wir sind der einzige Buchverlag in Deutschland, der bereits seit 2008 seine Bücher konsequent klimaneutral in Deutschland produzieren und transportieren lässt. Dabei wird nicht nur klimaneutral, sondern auch nachhaltig, d. h. so umweltschonend wie möglich produziert, z. B. durch die Auswahl von umweltfreundlichen Materialien. Die bei der Produktion der Bücher entstandenen CO_2-Emissionen werden durch die Unterstützung von zertifizierten Klimaschutzprojekten ausgeglichen. Jedes Buch wird daher mit dem Logo „klimaneutral" und einer Climate-Partner-Zertifikatsnummer versehen. Mithilfe dieser Nummer können Sie unter www.climatepartner.com Informationen zu der eingesparten CO_2-Menge und dem Projekt finden, das mit der Abgabe gefördert wird.

Das Engagement des Conrad Stein Verlags wurde im Rahmen des Projekts „Klimaneutraler Buchverlag" mit dem Westenergie Klimaschutzpreis 2022 ausgezeichnet.

OutdoorHandbuch Band 103

ISBN 978-3-86686-824-3 7., aktualisierte Auflage 2023

Text und Fotos: Ulrike Katrin Peters und Karsten-Thilo Raab
Illustrationen: Annalena Hurke
Lektorat: Anna-Lena Ebner
Layout: Manuela Dastig & Alexandra Sauerland

Gesamtherstellung: AZ Druck und Datentechnik GmbH, Kempten

Dieses OutdoorHandbuch hat 96 Seiten mit 27 farbigen Abbildungen und 16 farbigen Illustrationen.

Alle Informationen, schriftlich und zeichnerisch, wurden nach bestem Wissen zusammengestellt und überprüft. Sie waren korrekt zum Zeitpunkt der Recherche. Eine Garantie für den Inhalt, z. B. die immerwährende Richtigkeit von Preisen, Adressen, Telefonnummern und Internetadressen, Zeit- und sonstigen Angaben, kann naturgemäß von Verlag und Autoren – auch im Sinne der Produkthaftung – nicht übernommen werden.

Autoren und Verlag freuen sich über Ihr Feedback. Schreiben Sie Ihre Tipps und Verbesserungen an info@conrad-stein-verlag.de oder nutzen Sie unsere Social-Media-Kanäle. Bitte nennen Sie dabei Titel, Auflage und Seitennummer.

Dieses Buch ist im Buchhandel und in Ausrüstungsläden erhältlich und kann im Internet oder direkt beim Verlag bestellt werden.

Inhalt

Goldeimer

„Alle für Klos! Klos für alle!"

Wir sind Goldeimer und Klos sind unser Zuhause. Seit 2013 betreiben wir Trockenklos auf Festivals und machen Lärm für das sonst so stille Örtchen. Mittlerweile touren fast 80 Goldeimer-Trockenklos und bis zu 230 Ehrenamtliche im Sommer von Festival zu Festival, um zehntausende Hintern zu retten Als gemeinnütziges Unternehmen nutzen wir alle uns zur Verfügung stehenden Mittel, um einen Beitrag zur Lösung folgender Frage zu leisten: Wie wollen wir als Weltgemeinschaft in Zukunft auf Toilette gehen?

Dieses Buch beschäftigt sich mit der Frage, wie man möglichst komfortabel, hygienisch und ökologisch verträglich das Geschäft verrichtet, wenn mal keine Toilette da ist. Die fehlende Toilette ist für rund 500 Mio. Menschen weltweit jedoch ein Dauerzustand. Rund drei Milliarden weitere Menschen haben zwar Zugang zu einem Klo – dieses ist jedoch außerhalb des eigenen Haushalts, hat kein Waschbecken oder sauberes Wasser oder es ist nicht geregelt, was nach dem Geschäft mit den Fäkalien passiert. Fast die Hälfte der Weltbevölkerung hat somit keinen Ort, an dem sie sicher und in Würde die Notdurft verrichten kann, wo es Handwaschmöglichkeiten gibt und die Fäkalien so verwertet oder entsorgt werden, dass keine gesundheitlichen Risiken daraus erwachsen. Das ist die Sanitärkrise.

Also überall Spülklos und Klärwerke bauen und alles ist geritzt? Weit gefehlt. Denn die Toilette der Zukunft muss nicht nur verfügbar sein, sondern auch andere Anforderungen erfüllen. Am besten wasserlos und kreislauforientiert. Die Transformation zu einem nachhaltigen Sanitärsystem bezeichnen wir als Sanitärwende – und die brauchen wir. In mehr und mehr Regionen der Welt wird sauberes Trinkwasser ein rares Gut. Auch in Europa häufen sich saisonale und regionale Wasser-Engpässe. Die Spültoilette ist also keine Lösung für immer und überall. Gleichzeitig macht sie den Nährstoffkreislauf zu einer Einbahnstraße. Pflanzennährstoffe wie Phosphor und Stickstoff, die wir über Urin und Kot ausscheiden, werden mit Wasser vermengt und können ab diesem Punkt praktisch nicht mehr recycelt werden. Dabei gehören die Nährstoffe zurück in den Boden, damit daraus neues Leben entstehen kann. Phosphor nimmt dabei eine tragende Rolle ein. Ohne diese endliche Ressource wächst keine Pflanze. Unsere weltweite Ernährungssicherheit hängt maßgeblich davon ab und in wenigen Jahrzehnten wird das zugängliche Phosphatgestein knapp. Zeit, aus unserer Scheiße Gold zu machen.

Das Trockenklo erfüllt all diese Anforderungen. Es benötigt kein Wasser, Nährstoffe können recycelt und zurückgeführt werden und das System kann überall auf der Welt autark und kostengünstig betrieben werden. Das wollen wir voranbringen. Goldeimer steckt jede Stunde Arbeit und alle finanziellen Mittel in Maßnahmen, die SDG 6 voranbringen – dem Nachhaltigkeitsziel der Vereinten Nationen, das allen Menschen auf der Welt Zugang zu Wasser, Klos und Hygiene ermöglichen soll. Mit Bildungsarbeit, Forschung rund um die Kompostierung von Fäkalien, Trockenklos auf Festivals, sozialen Produkten und Aktionen machen wir in der Öffentlichkeit ordentlich Lärm fürs Klo. Unsere Vision: „Alle für Klos! Klos für alle!"

www.goldeimer.de

So sehen die nachhaltigen Festivaltoiletten von Goldeimer aus (© Goldeimer)

Einleitung

„Wenn man zur Toilette muss, vergisst man alles – sogar, dass man verliebt ist." sagt eine alte, persische Weisheit. Müssen müssen müssen wir alle einmal. Oft mehrmals am Tag. Mal zu Hause, mal unterwegs. Wobei sich Letzteres schnell mal zu einem Notdurftproblem auswachsen kann. Zum einen sind öffentliche Toiletten hier und da selten wie Schnee in der Wüste, zum anderen kommt es immer wieder vor, dass man gerade kein Kleingeld zur Hand hat, um in den kostenpflichtigen Bedürfnisanstalten Einlass zu finden. Hinzu kommt, dass die WC-Anlagen mitunter jegliche Hygienevorschrift ad absurdum führen oder dermaßen penetrant riechen, dass sie eigentlich gegen die Genfer Konventionen verstoßen.

Oder es gibt Klos wie im fernen China, wo in der Mitte eines großen Raumes eine mit Wasser gespülte Rinne verläuft. Darüber hocken dann zehn Männer oder Frauen aus dem Reich der Mitte mit heruntergelassenen Hosen. Ein Anblick, der dazu führt, dass manche, denen gerade noch die Blase zu platzen drohte, plötzlich nicht mehr müssen – und dies, obwohl sie sich in einer „Halle der inneren Harmonie" befinden. Denn so umschreibt man in China das stille Örtchen.

Unabhängig davon gibt es gerade unterwegs mehr Orte, an denen keine Toilette zu finden ist, als Orte, an denen ein 00 vorgehalten wird. Gerade auf Wander- oder Radrouten, beim Trekking oder anderen Aktivitäten unter freiem Himmel scheint die nächste anständige Notdurftverrichtungsstelle oft so weit weg, wie die Sonne von der Erde. Je nach Geländebeschaffenheit kann es schon mal eine echte Herausforderung sein, den Blasen- und Darmtrakt zu entleeren, beispielsweise, wenn es in flacher Heide an der notwendigen Deckung mangelt, wenn es zu einer unvermittelten Begegnung mit Krokodilen kommt oder ein Hornissenschwarm beim Anblick des Gesäßes eine unbändige Fleischeslust entwickelt. Von möglicherweise fehlenden Kleinigkeiten wie Klopapier einmal ganz abgesehen.

Und dann gibt es da noch andere drängende Fragen. Etwa, was macht man und frau bei einer tagelangen Kanutour? Wie kann sich die oder der Campingreisende diskret erleichtern? Wie bitteschön baut man sich einen anständigen Thron in Mutter Natur?! Und wie kann frau im Stehen pinkeln und so quasi ihren Mann stehen?

Der Kindermund behauptet zwar: *„Mädchen können ihr Pipi nicht im Stehen machen, weil sie nichts zum Festhalten haben."* Doch wer dieses Buch aufmerksam liest, wird eines Besseren belehrt. Denn dieses kleine Brevier enthält einige handfeste Tipps und Tricks, wie es trotzdem bei lernwilligen Damen im Stehen klappt!

Müssen müssen kann auf Reisen hier und da schon mal zu einem, na ja, sagen wir, drängenden Problem werden. Dieses Buch nimmt sich des Themas ganz ohne Berührungsängste an. Bei allem Humor, der sich zwischen die Blätter drängt, handelt es sich bei den folgenden Seiten durchaus um einen ernst gemeinten Ratgeber. Ein „Muss" für alle Reisenden getreu dem Motto „Vorbereitet sein, wann und wo immer die Natur ruft".

In diesem Sinne viel Spaß bei der hoffentlich kurzweiligen, informativen und lehrreichen Lektüre zu diesem echten „Scheiß-Thema".

Papierlose Hygiene

Das Müssenmüssen ist so alt wie die Menschheit selbst. Wie weiland Adam und Eva mit dem natürlichen Bedürfnis umgegangen sind, ist nicht überliefert. Vermuten lässt sich jedoch, dass sich die beiden nicht nur von der Schlange verführen ließen, sondern auch den Verlockungen der Natur nicht widerstehen konnten. Buschwerk, hinter dem sie ungeniert ihr Geschäft erledigen konnten, gab es ja dem Vernehmen nach zur Genüge. Toilettenhygiene dürfte den beiden jedoch gänzlich unbekannt gewesen sein. Ob es ihnen aus diesem Grunde im Paradies so richtig gestunken hat und sie deshalb zum verbotenen Apfel griffen, darüber lässt sich ebenfalls nur spekulieren.

Fakt ist, über Jahrhunderte entleerten die Menschen ihren Darm und ihre Blase, wo immer es ihnen gerade gefiel. Ob unsere Vorfahrinnen und Vorfahren sich dabei dezent in eine Nebenhöhle zurückzogen, sich unter einen Baum hockten oder die natürliche Wasserspülung eines Wildbaches nutzten, darüber streiten sich bis heute die Gelehrten.

Auf jeden Fall aber kam die Menschheit lange ohne Toilettenpapier aus. In vielen Kulturen wurde – und wird teilweise bis in die heutige Zeit – die linke Hand zum Reinigen des Allerwertesten genutzt. Was aber nicht automatisch impliziert, dass anschließend auch die linke Hand gereinigt wird. Daher wird in besagten Kulturkreisen ausschließlich die rechte Hand zum Essen genutzt. Womit klar ist, dass hier Einarmige in einem permanenten Zwiespalt leben – wischen oder essen?

Und in längst vergangenen Tagen gab es nicht wenige Einarmige – oder zumindest Menschen mit nur einer Hand. Denn in vielen Kulturen wurde beispielsweise ertappten Diebinnen und Dieben als Strafe für ihr Vergehen die Hand abgeschlagen, was immer auch zu einer gewissen Ausgrenzung der Betroffenen führte.

Bevor das **Toilettenpapier** überhaupt erfunden wurde, griffen die Menschen in manchen Kulturkreisen auch zu Blättern von Bäumen und Sträuchern, gerne auch zu Stroh oder weichen Moosen. Wiederum andere verwendeten Stofffetzen oder Lumpen. Manchmal musste bei Barbarinnen und Barbaren vielleicht auch mal ein lebendes Federvieh oder ein kleiner Hase als Reinigungsmittel herhalten.

Im alten Griechenland hingegen reinigte man den Allerwertesten mit flachen Steinen, Muscheln oder Tonscherben, die man in kleinen Säckchen immer am Mann hatten. Da war man im alten Rom den südeuropäischen Nachbarinnen und Nachbarn schon etwas voraus. Hier vertrauten die Menschen bei der Analhygiene auf Schwämme, die sie an Stöcke banden und in bereitgestelltes Wasser tunkten.

Ausgerechnet in China, wo heute noch die nackten Pobacken durch die Hosen der Kinder blitzen, damit diese sich im Bedarfsfall blitzschnell auf dem Bürgersteig erleichtern können, soll man übrigens im 6. Jahrhundert bereits über Toilettenpapier verfügt haben. Dies zumindest konstatieren die Autoren Joseph Needham und Tsien Tsuen-Hsuin im Jahre 1986 im fünften Band des Buches *Science and Civilization in China* mit Verweis auf historische Dokumente. Dort zitieren die beiden Verfasser auch einen Reisenden, der im Jahre 851 folgende Beobachtung über die chinesische Bevölkerung zu Papier gebracht haben soll: *„Sie sind nicht sehr sorgfältig mit Sauberkeit, und sie waschen sich nicht mit Wasser, wenn sie ihr Geschäft erledigt haben, sondern wischen sich nur mit Papier ab."*

Ja, das klingt in der Tat nach Barbarentum, auch wenn Joseph Needham und Tsien Tsuen-Hsuin anführen, dass im Reich der Mitte allein in der heutigen Provinz Zhejiang im 14. Jahrhundert bereits jährlich mehr als zehn Millionen Packungen mit je 1.000 bis 10.000 Blatt Toilettenpapier hergestellt worden seien. Dabei hätte allein der kaiserliche Hof in Nanjing im Jahre 1393 nachweislich rund 720.000 Blatt Toilettenpapier verschlissen.

In weiten Teilen Amerikas nahm man derweil gerne die grünen Außenhüllen von Maiskolben, die relativ sanft zur Haut waren und dennoch reißfest. In westlichen Ländern vertrauten die einfachen Menschen hingegen noch im Mittelalter überwiegend auf Stroh und Moos, während die besser gestellten eher zu Stoff- und Tuchlappen griffen. Beim Adel und in den Königshäusern kamen derweil gerne auch Schafsfelle und -wolle zum Einsatz.

Die ganz Vornehmen leisteten sich sogar einen Bediensteten, der ihnen das Hinterteil zu reinigen hatte. In Frankreich hießen die professionellen Poreiniger **Porte-coton**, in England wurden sie als **Groom of the Stool** tituliert. Was irgendwie nach einem Schei…job klingt. Dafür kamen diese Lakaien den Regenten so nahe, wie kaum jemand sonst. Was vermutlich nur ein schwacher Trost war. Dürfte doch manch einer dieser bemitleidenswerten Dienstkräfte öfter einmal im wahrsten Sinne des Wortes die Nase mächtig voll gehabt haben.

Fakt ist, ab dem 15. Jahrhundert, als der Buchdruck erfunden wurde, griffen immer mehr Menschen zum Papier. Ab dem 17. Jahrhundert wurden Zeitungen immer erschwinglicher und damit massenkompatibel. Wohl auch, weil die

Menschen schnell merkten, dass sich die bedruckten Nachrichten prima zweitverwerten ließen: Erst hatten sie die Zeitung beim Toilettengang zwecks Information vor sich, kurz darauf dann hinter sich.

Vielleicht hat sich in jenen Tagen die noch heute weit verbreitete Passion für das Lesen auf dem stillen Örtchen entwickelt. Auch der Begriff der „Klugscheißerin" oder des „Klugscheißers" ist wohl auf die Lesegewohnheit zurückzuführen.

Ganze Generationen haben – auch in den Mangeljahren nach den Weltkriegen – das Zeitungspapier in handliche kleine Stücke geschnitten, gelocht und auf einem Nagel oder einem Band griffbereit aufgehängt.

Es sollte noch bis in die Mitte des 19. Jahrhunderts dauern, ehe Toilettenpapier tatsächlich massenhaft industriell hergestellt wurde. Als Pionier gilt hier der Amerikaner **Joseph Gayetty**, der ab 1857 in den USA ein spezielles Toilettenpapier in Form einzelner Blätter in einer Schachtel auf den Markt brachte. Weitere mehr als zwei Jahrzehnte sollten ins Land gehen, ehe **die British Perforated Paper Company** ab 1880 erstmals perforiertes Toilettenpapier auf Rollen zum Verkauf anbot.

Deutschland hinkte dieser Entwicklung hinterher. Erst im Jahre 1928 gründete ein gewisser **Hans Klenk** in Ludwigsburg die erste Toilettenpapierfabrik des Landes. Als Firmennamen wählte er seine erweiterten Initialen: Hakle (💻 www.hakle.de). Hintergrund war dabei sicher auch die Tatsache, dass viele Leute sich damit schwer taten, im Laden nach Toilettenpapier zu fragen. Da war es schon weniger anrüchig, eine Rolle Hakle zu verlangen, die – wie alle Klopapierrollen – exakt 1.000 perforierte Blätter enthielt.

Generell galt die Herstellung von Toilettenpapier, von dem man in Deutschland pro Kopf heutzutage statistisch gesehen 46 Rollen pro Jahr verschleißt, lange Zeit als schwierig. Denn die Blätter mussten einerseits reiß- und stoßfest sein, sollten aber andererseits ein halbwegs angenehmes Wischgefühl garantieren. Außerdem sollten sie sich in der Kanalisation problemlos auflösen, um nicht die Abflussrohre zu verstopfen.

In der Wikingerzeit war Moos die erste Wahl fürs „Geschäft" (M)

Entsprechend gemahnte das Papier – wie auch in anderen Ländern – zunächst eher an Schmirgelpapier. Erst eine verbesserte Technologie, die es erlaubte, aus Zellstoff weicheres Papier herzustellen, beendete die obligatorische Abreibung für den Allerwertesten. 1942 entwickelte die St. Andrew's Paper Mill aus dem Londoner Stadtteil Walthamstow erstmals ein zweilagiges Klopapier. In den frühen 1970er-Jahren gab es dann erstmals dreilagiges und Mitte der 1980er-Jahre kam vierlagiges Papier auf den Markt. Inzwischen gibt es sogar fünflagiges.

Und während immer neue Varianten mit speziellen Duftnoten oder verschiedenen, zum Teil auch jahreszeitbedingten Motiven, Gedichten, Sudokus oder Kreuzworträtseln auf den Markt kommen, ist im fernen Japan längst der Abgesang auf das Toilettenpapier eingeläutet. Denn im Land des Lächelns sind hoch technisierte Klos längst Standard. Viele der computergesteuerten Toiletten verfügen nicht nur über einen angewärmten Klositz, sondern auch über einen Duschkopf, der per Knopfdruck den Allerwertesten sanft mit Wasser reinigt. Direkt danach trocknet eine Art Föhn, der ebenfalls in die Toilette integriert ist, den Po mit warmer Luft ab.

Obwohl oder gerade weil die westliche Welt papier- und hygienetechnisch in den zurückliegenden Jahrhunderten derartige Fortschritte durchlebt hat, kommt für Naturfreundinnen und Naturfreunde der Zwang, sich im Freien erleichtern zu müssen, hier und da einem Rückfall in längst vergangene Zeiten gleich.

Wen es unterwegs unvermittelt in die Büsche schlägt, der hat sehr zum eigenen Verdruss in der Regel kein Toilettenpapier griffbereit. Auch mangelt es in solchen Fällen gerne mal an Papiertaschentüchern, die man für gewöhnlich immer in der Tasche hat, nur leider in diesem Augenblick eben nicht. Also folgt dann fast schon zwangsweise der Griff zu Naturmaterialien wie Blättern oder Moosen – auch wenn Letztere eigentlich eher ungeeignet sind.

Auch das Abwaschen des Allerwertesten sowie das Händewaschen scheiden naturgemäß aus. Es sei denn, es ist gerade ein Bachlauf, Fluss, Teich, Wasserfall oder See in der Nähe.

Wer aus Angst vor dem möglichen Ruf der Natur und daraus resultierender unangenehmer Gerüche gewappnet sein möchte, sollte sich daher vorsichtshalber Unterhosen mit Deo-Funktion in den Rucksack stopfen oder schon vor der Tour überziehen. Diese Hightech-Hosen bietet der japanische Hersteller Seiren (www.seiren.com) an. Der Wunderslip absorbiert mit speziellen Keramikteilchen im Stoffgewebe unangenehme Gerüche. Ursprünglich war die **Deodorant-Unterhose** (www.japantrendshop.com) speziell für Menschen in Krankenhäusern und Altenheimen entwickelt worden. Doch längst erfreut sie sich nicht nur im Land des Lächelns großer Beliebtheit. Wohl auch, weil sie dafür sorgt, dass einem ob der unangenehmen Gerüche das Lachen nicht im Halse stecken bleibt.

Alter Falter!

Gut ausgerüstete Naturliebhaberinnen und Naturliebhaber haben bei ihren Outdoor-Abenteuern für den Fall der Fälle immer Toilettenpapier am Mann; zumindest aber Papiertaschentücher – selbst wenn sie eine Frau sind. Das Klo- und Tempopapier bietet den Vorteil, dass es gewichtsmäßig kaum auffällt und sich bequem auch in enge Taschen oder Rucksäcke verstauen lässt.

Bei der Handhabung des Papiers wird grob in drei Typen unterschieden: In diejenigen, die das Papier vor Gebrauch knüllen und diejenigen, die es lieber stückeln oder falten. Gemäß einer Studie im Auftrage eines Unternehmens mit dem Wisch-und-weg-Faktor gehören in Deutschland 70 Prozent aller Menschen zu den, die falten. In Österreich sind es 65 Prozent. Vor allem in der Altersgruppe zwischen 30 und 69 erfreut sich diese Technik größter Beliebtheit. Ältere Menschen zwischen 50 und 69 gehen zumeist deutlich akribischer vor und legen das Klopapier Blatt für Blatt aufeinander, während 14- bis 29-Jährige das Papier gerne mal um die Hand wickeln. Andere bevorzugen, das Klopapier zu stückeln.

Echte Knüllerinnen und Knüller sind hingegen seltener. Sie machen in Deutschland gerade einmal 7,4 Prozent aus; in Österreich 6,1 Prozent. Inwieweit diese Techniken auch unter freiem Himmel Anwendung finden, ließ die Studie mit mehr als 1.000 Teilnehmenden allerdings offen. Wohlfühlen dürfte sich hier die Gruppe der „Minimalistinnen und Minimalisten“, die aus Umweltschutzgründen der Meinung sind, ein Blatt sei genug. Der Beweis dafür, ob dieser Denkansatz stimmt, liegt bei ihnen vermutlich gut sichtbar auf der Hand.

Übrigens mögen rund 3 Prozent aller Menschen in Deutschland Toilettenpapier mit Unterhaltungswert. Das kann ein aufgedrucktes Quiz, ein kleiner Witz oder auch eine saisonbedingte Verzierung mit Rentieren und Sternen sein. Unterwegs sind die meisten allerdings weniger wählerisch. Hauptsache es ist ein wenig Papier zur Hand.

Klopapierfaszination

Während es für die einen nur der längste aufgewickelte Hygienestreifen der Welt ist, ist das Toilettenpapier für andere ein vielfältig verwendbares Material bis hin zum Kunstobjekt. Unzählige Autos wurden von Freundinnen und Freunden in der Nacht vor der Hochzeit in Klopapier gehüllt, um dem Bräutigam vor dem Jawort noch ein wenig die Schweißperlen auf die Stirn zu treiben. Auch in der Modewelt hat das endlos lange Papier längst Einzug gehalten: So präsentierte der französische Designer Daniel Tribouillard im Jahre 1999 in Paris ein komplettes Hochzeitskleid aus Toilettenpapier. Und wahrscheinlich gibt es auch kaum ein Kindergartenfest, bei dem nicht eine Mumie „hergestellt“ wird, indem eines der Kinder mit Klopapier eingewickelt wird.

Derweil bemühte sich der Saarländer Werbefachmann **Georges Hemmerstoffer** Anfang des 21. Jahrhunderts, das Klopapier in die längste, abrollbare Werbefläche der Welt zu verwandeln. Und die Vision des gelernten Dekorateurs war eindeutig: Was bei kostenfrei verteilten Wochenzeitungen klappt, müsste auch bei Toilettenpapier funktionieren. Bezahlte Werbung sollte daher die kostenlose Bereitstellung von Toilettenpapier ermöglichen. Doch seine Marketingidee fand nur wenig Gegenliebe. Nur ein paar Rohrreinigungsfirmen sowie Putzmittel- und Arzneimittelhersteller hatten Interesse an der neuartigen und kurzlebigen Werbeform, die nun weiter dem Dornröschenschlaf verfallen ist.

Unter künstlerischen Aspekten präsentiert Steff Rölz in ihrem gleichnamigen Buch unter dem Titel **Klorigami**, was alles aus Toilettenpapier mit Origami-Techniken hergestellt werden kann.

Papierlos

Weil wir uns im Laufe der Menschheitsgeschichte an die Benutzung von Toilettenpapier gewöhnt haben, wollen wir Selbiges auch nicht missen, wann immer wir unsere Notdurft verrichten. Und doch kommt es immer wieder vor, dass wir unfreiwillig papierlos sind. Sei es, weil wir vergessen haben, rechtzeitig für Nachschub zu sorgen, sei es, weil ein Mitglied des Haushalts das letzte Blatt aufgebraucht hat, aber keinen Ersatz aufgehängt hat, sei es, weil wir irgendwo zu Gast sind, im Gäste-WC aber keine Ersatzrolle mehr finden können oder, sei es, weil wir gerade in freier Natur unterwegs sind und unglücklicherweise kein Papier am Mann (oder der Frau) haben.

Zu Hause lässt sich oft schnell behelfen. Für den Moment tut es ein Papiertaschentuch oder ein Stück von der Krepprolle. Gegebenenfalls kann die Partnerin oder der Partner um Hilfe gebeten werden. Vielleicht hilft auch jemand aus der Nachbarschaft mit einer Leihrolle aus oder am Kiosk um die Ecke kann sogar zu fortgeschrittener Stunde noch eine Rolle erworben werden. Wer irgendwo zu Besuch ist und papierlos mit akuten Verdauungsproblemen auf einer kalten Keramikschüssel gestrandet ist, tut sich schwer, die Gastgeberin oder den Gastgeber durch die verschlossene Tür um Hilfe zu ersuchen.

Unterwegs in freier Natur gestaltet sich die Suche nach Toilettenpapierersatz noch schwieriger. Hier gibt es keinen Schrank mit Ersatzrollen, hier gibt es keine Nachbarschaft und auch keinen Kiosk. Und wenn es dumm läuft, ist auch keine Partnerin und kein Partner dabei, die man bitten kann, sich etwas einfallen zu lassen. Zudem möchte niemand stundenlang mit runtergelassener Hose über einem zuvor ausgehobenen Loch hocken und auf ein Klopapierwunder hoffen.

Und doch ist dieses Szenario nicht völlig abwegig. Es sei denn, man ist Mann (oder Frau) genug, sich der Situation zu stellen. Da können mental noch so viele Wunschkerzen angezündet werden. Das Ersehnte und zu Hause eigentlich immer verfügbare zwei- oder dreilagige Papier ist einfach nicht griffbereit. Verzweifelt geht der Blick dann suchend umher. Irgendetwas, das einigermaßen zu gebrauchen ist, muss doch hier herumliegen?

Bis zum Rückfall ins klopapierlose Mittelalter ist es nur noch ein ganz kurzer Augenblick. Für die einen wird das Ganze nun zu einem naturnahen Abenteuer gepaart mit einem Hauch von echter Freiheit, für die anderen ist es ein Stück jenes Lebensgefühls, das primitive Urvölker auslebten, für wiederum andere droht sich die missliche Lage zu einer „Kackastrophe" auszuwachsen. Wie die Vor-Vor-Vorfahrinnen und Vor-Vor-Vorfahren unserer Vor-Vor-Vorfahrinnenn und Vor-Vor-Vorfahren greifen wir zu Blättern, sofern an dieser Stelle welche zu finden sind. Begleitet wird der Wischvorgang von der Angst, den Podex nicht adäquat säubern zu können, und der noch größeren Angst, sich irgendwelche kleinen Tierchen oder Insekten ans Gesäß zu reiben.

Dass die Industrie und ganze Geschäftszweige, die vom Verkauf von Toilettenutensilien leben, über mögliche Alternativen zum Toilettenpapier den Mantel des Schweigens hüllen, ist nur allzu verständlich. Doch auch in der einschlägigen Literatur und sogar im Internet sind Alternativvorschläge rar gesät. Und doch gibt es das eine oder andere, das wir in einer so misslichen Situation ohne (Klo-)Papier tun können.

Erste Option ist naturgemäß das Pflücken einiger Blätter. Wer aus dem Super- oder Drogeriemarkt die Qual der Wahl mit verschiedenen Arten und Dicken von Klopapier vor Augen hat und sich hier schon kaum entscheiden kann, der dürfte in der Wildnis noch größere Probleme haben. Denn Mutter Natur hält schier unendlich viele Pflanzen mit Blättern in allen Größen und Formen, in verschiedenster Dicke, mal rau, mal glatt, mal stachelig, mal klebrig bereit. Daher sollte nicht unbedacht in Blätter gegriffen werden. Nicht alle sind für eine „ordentliche Abreibung" gleich gut geeignet. Einige sind beispielsweise stachelig auf der Unterseite, während die Blätter von Brennnesseln den Podex auf besondere Art durchbluten würden. Ungeeignet sind auch Bärenklau, Giftsumach und Himmelschlüsselgewächse, die zum Teil giftige Substanzen enthalten.

Generell sollten lebende Pflanzen wirklich nur als absoluter Notnagel herhalten. Aus Umweltschutzgründen sollte der Griff zu Blättern an Bäumen und Sträuchern nur dann erfolgen, wenn nichts anderes halbwegs Brauchbares greifbar ist. Gleiches gilt für Wildblumen, blühende Pflanzen und vor allem für seltene Pflanzen.

Auf keinen Fall sollten Pflanzen samt Wurzel rausgerissen oder Äste und Zweige abgebrochen werden, um den Allerwertesten zu reinigen. Abgefallene Blätter oder herumliegendes Gras tun auch den Trick. Wichtig ist, falls doch Blätter gepflückt werden, dass der Baum oder Strauch nicht anschließend wie ein gerupftes Huhn aussieht. Idealerweise wird mal hier, mal da ein Blatt abgezupft, sodass noch nicht einmal die Pflanze weiß, dass hier jemand handgreiflich wurde.

Wer in exotischen Ländern unterwegs ist, sollte bei der Wahl der Blätter doppelt vorsichtig sein. Es sei denn, er verfügt über vernünftige Kenntnisse der Flora vor Ort. Ansonsten sollten, um unangenehme Überraschungen zu vermeiden, von unbekannten Pflanzen komplett die Finger gelassen werden. Vermieden werden sollten auch Schilfrohr, Bambus sowie einige Grasarten, deren Verwendung

für den Po im wahrsten Sinne des Wortes zu einem einschneidenden Erlebnis werden könnte. So oder so sollten die Blätter vor dem Pflücken und dem anschließenden „Einsatz" genauestens in Augenschein genommen werden.

In manchen Regionen – von Wüsten bis zum Gebirge – finden sich überhaupt keine Pflanzen, die geeignet sind. In höheren Lagen sind meist nur Nadelhölzer heimisch, die am Gesäß für einen gewissen Peeling-Effekt sorgen würden. Auch in Winterlandschaften finden sich zumeist keine geeigneten Blätter. Hier schwören manche alternativ auf wohlgeformte Schneebälle als Wischmittel – allerdings ein überaus erfrischendes, das einem schnell am ganzen Körper eine Gänsehaut bereiten kann.

Doch auch unabhängig von Blättern hält Mutter Natur einiges bereit, dass sich als Toilettenpapierersatz eignet. Dazu gehören Stücke glatter Baumrinde, die vom Baum gefallen sind. Wie in längst vergangenen Zeiten tut es notfalls auch ein kleines Steinchen oder eine Muschel. Wichtig ist hier, dass die Dinger keine scharfen Kanten haben. Auch herumliegende Vogelfedern können schon mal rückwärtig zum Einsatz kommen. Allerdings sollten diese vorher genau untersucht werden, tummeln sich hier doch gerne Milben.

Wenig geeignet sind Moose. Deren Oberfläche ist zwar weich, doch beim Aufnehmen zerbröselt das Ganze schnell. Wenn dies in den Fingern geschieht, wäre das noch okay. In der Porille kann es hingegen sehr unangenehm sein.

Wer wenig Freude daran hat, sich mit Naturmaterialien zu reinigen, sollte auf die *„Handwaschanlage"* setzen. Dazu bedarf es eines gefüllten Wasserbehälters. Idealerweise einer Flasche mit Wasser. Nachdem man sich über dem zuvor gegrabenen Loch (siehe Seite 41ff) erleichtert hat, wird ein wenig Wasser in eine Hand geträufelt. Wichtig ist, sich vorher festzulegen, ob hier die linke oder rechte Pranke als Waschlappen zum Einsatz kommen soll. Die andere Hand wird lediglich genutzt, um neues Wasser auf die Wischpfote zu träufeln. Mit der Wischhand wird dann in der Hocke vorsichtig der Po abgewaschen. Das Gesäß sollte dabei so tief „hängen", dass kein Wasser am Bein entlangläuft. Anschließend sollte die Wischhand mit weiterem Wasser gründlich gespült und besonders gründlich mit Seife gewaschen werden. Bis dahin sollte die „gebrauchte" Hand möglichst nichts mehr anfassen.

Vorteil der „Handwaschanlage" ist, dass die meisten die notwendigen Materialien bei Outdoor-Touren dabeihaben: Denn kaum jemand stiefelt, strampelt, klettert oder paddelt drauflos, ohne eine Flasche Wasser im Rucksack zu haben. Und die Hand lassen wir in der Regel ja auch nicht zu Hause. Dort vergessen wir höchstens mal das Klopapier.

Schüsselhistorie

Mit Blick auf die Menschheitsgeschichte ist es durchaus natürlich, sein großes Geschäft in freier Natur zu erledigen, auch wenn sich Naturfreundinnen und Naturfreunde dabei heute nicht gerade wohlfühlen. Was daran liegen mag, dass wir in der westlichen Welt den Komfort von Toiletten gewöhnt sind. Dabei ist die Keramikschüssel, wie wir sie heute kennen, noch gar nicht so lange Teil der menschlichen Bedürfniskette.

Erstmals zu finden waren Abortanlagen um das Jahr 2800 vor Christus in Mesopotamien. Die Abflüsse der Toilettenanlagen mündeten in Abwasserkanälen, den sogenannten Kloaken.

Bereits im alten Rom kannte man die Vorläufer der WC-Schüssel. Während dort die Reichen und Mächtigen über eigene Klos verfügten, stand der breiten Masse eine sogenannte *latrina* zur Verfügung. In dieser Art öffentlicher Bedürfnisanstalt thronten – zum Teil gleichzeitig – (mehrere) Nutzerinnen und Nutzer über Löchern in einer Marmorplatte. Darunter gab es einen mit Wasser gespülten Ablauf, der ebenfalls in eine Kloake mündete. Doch mit dem Ende des Römischen Reiches in der zweiten Hälfte des 5. Jahrhunderts nach Christus geriet diese segenreiche Toilettentechnologie für viel zu lange Zeit in Vergessenheit.

Nicht unerwähnt bleiben sollte in diesem Zusammenhang, dass im Römischen Reich an belebten Straßen amphorenartige Latrinen aufstellt waren. Was für die Menschen in jenen Tagen eine willkommene Gelegenheit war, um sich zu erleichtern, basierte weniger auf der Vermeidung von wildem Pinkeln im Stadtgebiet als vielmehr auf rein wirtschaftlichen Gründen. Denn Urin enthält Ammoniak, der wiederum in jenen Tagen zum Gerben und Färben von Leder und Stoffen sowie zum Wäschereinigen benötigt wurde.

Vespasian, der von 69 bis 79 nach Christus römischer Kaiser war, führte für die Benutzung öffentlicher Toiletten sogar eine **Latrinensteuer** ein. Eine Maßnahme, mit der sich der Imperator den Unmut seiner Untertaninnen und Untertanen zuzog, die er aber damit rechtfertigte, dass damit die maroden Staatsfinanzen saniert werden sollten. Entsprechend soll Vespasian, nachdem er seinen Sohn Titus an den ersten Einnahmen aus der Latrinensteuer hat schnuppern lassen, gesagt haben: „Pecunia non olet" – „Geld stinkt nicht". Eine Redewendung, die sich bis heute gehalten hat. Auch der Name des Kaisers ist zumindest in einigen Ländern durchaus noch Teil der Alltagssprache. So werden in Italien die öffentlichen (Bezahl-)Toiletten noch heute als „Vespasiani" bezeichnet, in Paris als „Vespasienne".

Das Ende des Römischen Reiches kam toilettentechnisch über viele Jahrhunderte einem Rückfall in alte Zeit gleich. Hinter Gestrüpp, Böschungen und am Wegesrand wurden ungeniert Blase und Darm entleert. Im Mittelalter besserte sich die Situation ein wenig. In vielen Städten wurden Toiletten mit Sickergruben angelegt, während in Burgen, Schlössern und Klöstern häufig Aborterker existierten. Bei Letzteren plumpsten die Hinterlassenschaften schlicht in den Burggraben oder den Berg hinunter.

Weit verbreitet war auch eine Art Töpfchen, dass, wenn es voll war, einfach vor beziehungsweise hinter dem Haus ausgeleert wurde. Entsprechend muss es nahezu überall bestialisch gestunken haben. Ganz zu schweigen von der Tatsache, dass der Mangel an Hygiene zu zahlreichen Krankheiten führte.

Insbesondere die feineren Damen trugen nicht von ungefähr weit abstehende Reifröcke. Dies ermöglichte ihnen, einfach im Gehen oder Stehen (mehr oder weniger) dezent unter sich gehen zu lassen. Schließlich hatte die Dame von Welt genug Eleven und Dienstboten an ihrer Seite, die das Ganze dann beseitigen mussten. Und mit einer Portion Parfüm ließ sich der Geruch ein wenig übertünchen.

Entsprechend amüsant stellte sich der unvergleichliche Karl Valentin in seinem bekannten Lied *„Ja, so warn's die alten Rittersleut"* den Umgang mit allzu menschlichen Bedürfnissen vor.

Und so heißt dort unter anderem:

Mußt' ein Ritter einmal pieseln,
Ließ er's in die Rüstung rieseln,
Hatt' er das Visier net offen,
Ist der arme Kerl ersoffen.
Ja, so warn's, ja so warn's,
ja, so warn's die alten Rittersleut'.
Ja, so warn's, ja so warn's,
die alten Rittersleut'...

Auch die kleinen Ritter-Kindeln
hatten früher Eisenwindeln
Damit sie lernen früh die Kunst
Wie man in das Blech nei brunzt.
Ja, so warn's, ja so warn's,
ja, so warn's die alten Rittersleut'.
Ja, so warn's, ja so warn's,
die alten Rittersleut'.

Im Jahre 1596 entwickelte der Dichter **Sir John Harington** speziell für die englische Königin Elizabeth I. ein **Wasserklosett**. Den Prototyp dieser Toilette mit Wasserspülung baute er in sein Haus in Kelston in der heutigen Grafschaft Somerset ein. Und obschon der Poet die genaue Bauanleitung für seine Erfindung in einem Buch veröffentlichte, fand die neue Toilettenform zunächst keinerlei größere Beachtung.

Fast zwei Jahrhunderte sollten ins Land gehen, ehe Haringtons Landsmann **Alexander Cummings** im Jahre 1775 ein Patent für ein Wasserklosett anmeldete. Wichtigster Bestandteil von Cummings Erfindung, die 1810 erstmals umgesetzt wurde, war ein s-förmiges Rohr, der Siphon, der noch heute zur Standardausrüstung vieler Toiletten gehört. In der Abflussöffnung des Siphons bleibt nach dem Abziehen ein wenig Wasser zurück, was dafür sorgt, dass sich etwaige Gerüche weniger stark ausbreiten.

Unabhängig davon blieb das **Plumpsklo** wie es heute noch in einigen Berghütten zu finden ist, vor allem in Europa weit verbreitet. Bei einem Plumpsklo handelt es sich in der Regel um ein kleines Toilettenhäuschen mit einem (Holz-)Sitz über einem tiefen Loch. Urin und Kot „plumpsen" einfach ins Loch. Häufig werden zur Geruchsneutralisation nach abgeschlossenem „Geschäft" Sägespäne, Kalk oder eine Schüppe Sand dort hineingeschüttet.

Erst im Laufe des 19. Jahrhunderts wurde die Toilettentechnik immer ausgefeilter und allmählich massenkompatibel. Entscheidende Impulse kamen dabei aus dem Gesundheitswesen, das nicht müde wurde, Zusammenhänge zwischen mangelnder Hygiene, der Wasserqualität und zahlreichen Krankheiten zu thematisieren. Mit dem Erfolg, dass mehr und mehr Häuser mit einem Wasserklosett ausgestattet wurden.

Umstritten ist, wo und wann in Deutschland die erste Toilette mit Wasserspülung installiert wurde. So soll Landgraf Friedrich Josef VI. bereits 1820 veranlasst haben, dass ein entsprechendes Klo im „englischen Flügel" des Schlosses Bad Homburg für seine Gattin Elisabeth eingebaut wurde. 1860 erhielt dann Schloss Ehrenburg in Coburg eine erste Toilette, damit Queen Victoria während ihres Deutschland-Besuchs gebührend thronen konnte.

Mitte des 19. Jahrhunderts war es schließlich der Engländer **Thomas Crapper** (💻 www.thomas-crapper.com), dem ein weiterer Meilenstein in der Toilettentechnik gelang: Er entwickelte den *Water Waste Preventer*, einen Wasserverschwendungs-Verhinderer. Dahinter verbirgt sich ein Wasserbehälter mit Absaugfunktion, ansteigendem Abflussrohr und automatischer Abstellvorrichtung, wie sie heute noch in den meisten Toiletten – wenn auch als Spülkasten getarnt – zu finden ist.

Water Waste Preventer

Ganz nebenbei sorgte Thomas Crapper zudem für mehr Sitzkomfort und entwickelte eine birnenförmige Klobrille, die sich vornehmlich an der männlichen Anatomie orientierte.

Doch dies blieben nicht die einzigen Errungenschaften des Klempners und königlichen Hoflieferanten Thomas Crapper, der zwischenzeitlich insgesamt neun Patente innehatte. So entwickelte Crapper ein Dämpfungssystem für die Wasserspülung, sodass das bis dahin bekannte, hallende Gebrodel nach dem Spülen der Toilette deutlich reduziert wurde. Was insbesondere die feinen Damen zu schätzen wussten. Empfanden sie es doch als äußerst unangenehm, wenn Gäste etwas von ihren Toilettengängen mitbekamen. Eine Einstellung, an der sich bei vielen bis heute nichts geändert hat, auch wenn es im Volksmund etwas flapsig heißt: *„Das stille Örtchen ist, da wird man lachen, ein Ort, um in Ruhe Krach zu machen."*

Nirgendwo in der modernen Welt gelten heute die Toilettengeräusche, vor allem jene, die von den Toilettenbenutzern produziert werden, als derart peinlich wie in Japan. Daher lassen sich im Land des Lächelns bei nahezu allen (Hightech-) Toiletten per Knopfdruck „Ablenkungsgeräusche" wie Meeresrauschen oder Vogelgezwitscher erzeugen, mit denen die eigenen „Trommel-Töne" oder das eigene Plätschern übertönt werden können.

Seit Frühjahr 2013 gibt es in Japan sogar neuartige Luxus-Toiletten, die sich komplett mithilfe des Smartphones steuern und programmieren lassen. Bei dem für umgerechnet zwischen € 1.800 und 3.500 erhältlichen „Thron" der Firma Lixil (💻 www.lixil.com) lässt sich über eine Bluetooth-Schnittstelle nicht nur die Temperatur der Klobrille einstellen, sondern – ähnlich wie bei modernen Autos – auch die bevorzugte Sitzposition. Außerdem kann mithilfe einer speziellen App die automatische Reinigung der Toilette vor und nach der Benutzung gesteuert werden. Natürlich lässt sich so auch bestimmen, mit welcher Musik etwaige Geräusche der geplanten Sitzung übertönt werden sollten. Fast müßig zu erwähnen, dass auf dem Smartphone auf Wunsch immer der aktuellen Wasser- und Stromverbrauch des Klos angezeigt wird. Bleibt nur zu hoffen, dass der Akku im entscheidenden Moment nicht schlapp macht ...

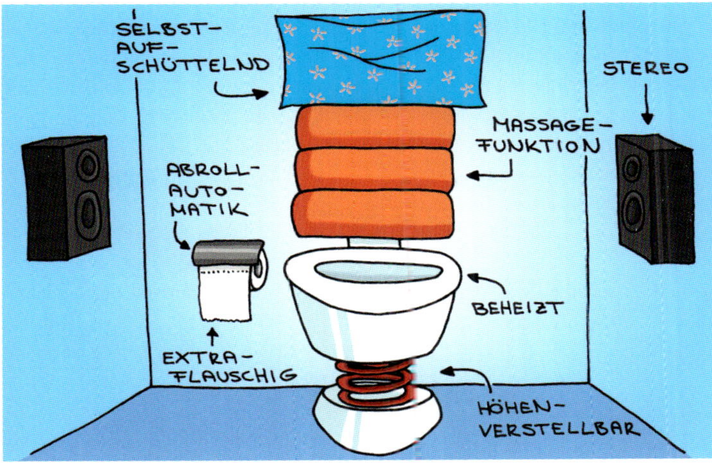

Die größte öffentliche Toilette der Welt wurde übrigens am 7. Juli 2007 im chinesischen Chongqing eröffnet. Der knapp 2.800 Quadratmeter große Porzellanpalast mit einer ägyptischen Fassade beherbergt 1.000 Toiletten. Derweil wurde für umgerechnet € 125 000 im Mai 2012 in Ichihara (💻 www.city.ichihara.chiba.jp) in der japanischen Präfektur Chiba die größte öffentliche Einzel-Toilette der Welt eröffnet.

Die Besonderheit: Inmitten eines 200 Quadratmeter großen und von einem 2 Meter hohen Zaun umgrenzten Areals, das mit bunten und duftenden Blumen in allen Farben bepflanzt ist, können nun Menschen mit Druck in der Blasen- oder Darmgegend ihre Duftmarke in eine moderne Glaskabine mit Kloschüssel setzen. Und wem die Mauer nicht genug Privatsphäre bietet, der kann in dem von Stararchitekt Sou Fujimoto entworfenen Glaskasten noch einen weißen Vorhang zuziehen.

Eine der wohl schönsten Toilettenanlagen der Welt dürfte seit dem Jahre 1999 das Örtchen Kawakawa haben. Das im Norden der neuseeländischen Nordinsel gelegene Städtchen verfügt in der Gilles Street über das einzige Hundertwasser-WC und das wohl meistfotografierte Toilettenhaus der Welt.

Diese besondere Hinterlassenschaft mit den unregelmäßigen Formen, kleinen Fenstern, charakteristisch bunten Fliesen, integrierten Kleinskulpturen, farbigen Gläsern und einem in die Architektur einbezogenen Baum hat der Ort dem Künstler Friedensreich Hundertwasser, der von 1974 bis zu seinem Tode im Jahre 2000 in dem 1.300-Seelen-Nest lebte, zu verdanken.

Hundertwassertoilette © Tourism New Zealand

Eine gewisse Überwindung kostet das Nutzen der gläsernen Toilette, die sich an Londons südlichem Themse-Ufer befindet. Das Besondere: Von außen ist das kubische Toilettenhaus voll verspiegelt, von innen können Nutzerinnen und Nutzer während ihrer Notdurft jedoch komplett ihre Umgebung betrachten. So verpassen sie bei diesem Toilettenaufenthalt also keine Sekunde des Geschehens um sich herum.

Die wohl teuerste Toilette des Universums befindet sich auf der Internationalen Raumstation ISS. Rund 14 Millionen Euro ließ sich die amerikanische Weltraumbehörde NASA das Technikwunder, das mittels eines eingebauten Miniklärwerks sogar Urin in trinkbares Wasser verwandeln kann, kosten.

Klobrillenrunterklappschwäche

Millionen von Frauen haben sich zu Hause wahrscheinlich schon mal darüber aufgeregt, dass ihre bessere Hälfte im Stehen pinkelt. Was in freier Natur ja durchaus Sinn macht, sorgt im gefliesten Bad oftmals für einen gewissen Sprinkleranlageneffekt. Die unkontrollierte Streuung von feuchten Partikeln über die Toilettenbrille und den Fliesenspiegel sind die Folge. Autorin Hanna Dietz attestiert daher nicht von ungefähr dem starken Geschlecht in ihrem viel beachteten Buch „Männerkrankheiten" eine Klobrillenrunterklappschwäche. Dies sei eine kognitiv-motorische Störung, die unmittelbar nach dem Wasserlassen auftrete. Demnach seien Männer nach der Entleerung der Harnblase in aufrechter Haltung für einen Moment nicht Herr ihrer Sinne. Das Stehpinkeln versetze den Mann in den vorübergehenden Zustand der Entspannung.

Was wiederum der Grund dafür sei, dass der Mann in diesem Augenblick nicht an so profane Dinge wie das Beseitigen von Spritzern und Tropfen, das Runterklappen der Klobrille oder das Reinigen der Hände denken könne. Habe der Mann aber irgendwann einmal die Sitzhaltung als Wasserlassoption akzeptiert und verinnerlicht, verkürze sich der Rausch- und Entspannungszustand, was dazu führe, dass Deckel runtergeklappt und Hände gewaschen würden.

So gesehen scheint es geradezu fahrlässig, wenn Frauen, die ihren Mann einmal so weit haben, mit diesem tagelang durch die freie Natur wandern, radeln oder paddeln. Schließlich könnte dies den Rückfall in alte Zeiten heraufbeschwören. Ob ein-, zweimal an einen Baum zu pinkeln genügt, um die über Jahre und mit viel Mühe anerzogene Umsetzung von Verhaltensregeln für den Toilettenbesuch komplett vergessen zu machen, ist allerdings bis dato ungeklärt.

Toilettenpartnerinnen und Toilettenpartner

Auch auf die Gefahr hin, dass Sie nun verächtlich die Nase rümpfen, wollen wir uns an dieser Stelle noch etwas näher mit jenem Raum beschäftigen, den selbst der Kaiser zu Fuß aufsucht. Bis dato dachten wir immer, dieser sei in vielen Familien der einzige existierende Rückzugsraum. Doch weit gefehlt. Wie wir einer Studie entnehmen konnten, haben 57,1 Prozent der Menschen in Deutschland kein Problem damit, dem Ruf der Natur zu folgen, auch wenn die Partnerin/der Partner mit im Raum ist. Dabei macht es auch keinen Unterschied, ob ein großes oder kleines Geschäft erledigt wird.

Wer nun glaubt, dies stinke doch sieben Meilen gegen den Wind, der irrt. Denn die Zahlen lügen nicht. Insgesamt 1.200 verheiratete oder in Partnerschaft lebende Personen sind zu diesem doch so speziellen wie intimen Thema befragt worden. In Baden-Württemberg ist man demnach mit 75 Prozent am tolerantesten, während in Bayern nur 45 Prozent die Zweisamkeit beim Toilettengang schätzen. Offen blieb, was die zweite Person tut, während die erste Person, na, Sie wissen schon ...

In Auftrag gegeben wurde die Untersuchung übrigens von einem namhaften Hersteller von Toilettenpapier. Und wir haben nicht den leisesten Schimmer, warum das Unternehmen der Wisch-und-weg-Industrie dies wissen wollte. Gibt es demnächst das Partnerklopapier, bei dem die Blätter halb mit Blümchen, halb mit Autos verziert sind? Oder soll das Papier auch längs perforiert werden, damit Paare das Papier schön brav teilen können?

Aus Kneipen und von Partys kennen wir ja, dass die Frauen im Rudel auf der Toilette verschwinden, während die Männer beim Toilettengang normalerweise auf eine Gesprächsgruppe verzichten. Aber dass (Ehe-)Paare auf dem stillen Örtchen eine neue Art der Zweisamkeit auskosten, war uns bis dato nicht bekannt. Vielleicht sollten wir mal statt zu gemeinsamen Wanderungen zu einem gemeinsamen Toilettengang aufbrechen.

Als Lockmittel könnte dabei ein Winken mit dem Klopapier begleitet von Worten wie: „Für die einen ist es nur Toilettenpapier, für andere die wahrscheinlich längste Serviette der Welt“ dienen. Was fraglos eine dufte Idee wäre.

Sitzenbleiberinnen und Sitzenbleiber

Mal Hand an die Toilettenpapierrolle, gehören auch Sie zu denen, die den Ruf der Natur gerne einmal damit verbinden, sich über die Neuigkeiten in der Welt zu informieren? Oder nehmen Sie lieber ein spannendes Buch bei der Sitzung zur Hand? Sie finden dies absurd? Für jeden Zweiten unserer Mitmenschen gehört die Lesestunde auf dem stillen Örtchen übrigens fest zum täglichen Geschäft.

Eine repräsentative Umfrage im Auftrag eines Toilettenpapierherstellers brachte nun zutage, dass 34 Prozent der Männer und 29 Prozent der Frauen bis zu zehn Minuten auf dem Klo verbringen. 16 Prozent der Männer sogar ein Viertelstündchen.

Dabei zählen sie nicht etwa die Kacheln des Fliesenspiegels, nein, 18 Prozent der Herren vertiefen sich in die Lektüre von Tageszeitungen, Computermagazinen und Bedienungsanleitungen, während 6 Prozent der Frauen in Ruhe eine rauchen.

Das Jungvolk, vornehmlich die Gruppe der 14- bis 29-Jährigen, nutzt die Zeit, um eine SMS oder Whatsapp abzusetzen. Dies gaben zumindest 26 Prozent an. Menschen in der zweiten Lebenshälfte konzentrieren sich hingegen gerne auf das Wesentliche.

Und unsere Freundinnen und Freunde aus Sachsen trainieren gerne ihre Stimmbänder beim Toilettengang. 10 Prozent singen fröhlich vor sich hin. Ob dies Ausdruck musikalischer Leidenschaft ist oder dazu dient, eventuell unangenehme Nebengeräusche zu übertönen, blieb ungeklärt. Ebenso, warum Hausfrauen häufig Brotkrümel in die Toilette werfen – vermutlich für die WC-Ente!

Notdurftnot

Toiletten in Zügen sind ein Spezialfall. Mit Hygiene hat deren Zustand oft so viel zu tun, wie eine Kuh mit dem Klettern. Gleichwohl freuen sich manche Reisende darüber, wenn es unterwegs mal wieder in der Blasengegend drückt, dass die WC-Anlagen vorhanden sind. Motto: Nase zu und durch – und möglichst wenig anfassen. In den als überaus liberal geltenden Niederlanden wurde dem ohnehin traurigen Buch der Zugtoiletten ein weiteres dunkles Kapitel hinzugefügt.

Die niederländische Bahngesellschaft **Nederlandse Spoorwegen N.V.** (www.ns.nl) führte 2012 in den Zügen der Baureihe „Sprinter“, die ohne Toilette durch das Land der Windmühlen und Grachten rollen, Urinbeutel für etwaige Notdurftnotfälle mit. Die Pinkelbeutel mit dem schönen Namen „Travel John“ werden von den Zugbegleiterinnen und Zugbegleitern für den Bedarfsfall vorgehalten. Die markant weißen Beutel verfügen über einen integrierten Trichter, der das „Zielen“ während der mitunter rumpeligen Bahnfahrt erleichtert, sowie über eine gelartige Substanz, die den Urin bindet. Nach Gebrauch kann der „Travel John“ mit wenigen Handgriffen versiegelt und im Müll entsorgt werden.

Um das kleine Geschäft in möglichst großer Abgeschiedenheit verrichten zu können, dürfen sich die blasenschwachen Fahrgäste im Fall der Fälle für einen Augenblick in die Zugbegleiterkabine zurückziehen.

Die Nederlandse Spoorwegen begründete den Kauf der Sprinter sowie die ungewöhnliche Maßnahme damit, dass in Bussen des öffentlichen Personennahverkehrs und in Taxen auch keine Toiletten zur Verfügung stünden und die Sprinter vornehmlich auf Kurzstrecken eingesetzt würden.

Da sich die Begeisterung seitens der Fahrgäste in Grenzen hält, beschäftigte sich sogar das niederländische Parlament mit dem Vorgang. Mit dem Ergebnis: Ab dem Jahre 2025 müssen alle Züge des Landes wieder serienmäßig mit Toiletten ausgestattet sein. Bis dahin heißt es wohl für die meisten Fahrgäste, sich „das bisschen“ einfach bis zum nächsten Halt zu verkneifen. Schließlich schwören sich nicht wenige, dass eine Notdurftverrichtung dieser Art für sie absolut nicht in die Tüte kommt.

Gefahrenquellen

Nicht nur für uns Menschen, sondern auch für Tiere kann ein Toilettengang in freier Natur überaus gefährlich sein, ja, sogar tödliche Folgen haben. So etwa für das Dreifinger-Faultier. Jedes Zweite des in Mittel- und Südamerika beheimateten *Bradypus variegatus* kostet der Versuch, vom Baum zu klettern und sich zu erleichtern, das Leben. Für Schlangen und Jaguare sind die behäbigen Faultiere auf ihrem Toilettengang eine leichte und willkommene Beute.

Ungeachtet dieser Gefahr klettert ein jedes Dreifinger-Faultier wenigstens einmal pro Woche vom Baum, um auf dem Waldboden sein großes Geschäft zu verrichten. Was häufig ein tödlicher Fehler ist. Und doch ist dieser Gang fest in den Gehirnen der Pflanzenfresser verwurzelt, obschon es für sie durchaus möglich wäre, sich von der Baumkrone aus zu erleichtern und die Exkremente einfach auf den Boden plumpsen zu lassen.

Schuld an dem Dilemma ist – wie der amerikanische Biologe Jonathan Pauli vermutet – eine besondere Laune der Natur. Denn die hat dafür gesorgt, dass im Fell des Dreifinger-Faultiers Algen gedeihen. Diese Algen färben sich grünlich und helfen dem Faultier, sich beispielsweise vor den Blicken von Feinden wie Greifvögeln zwischen den Blättern der Bäume gut zu tarnen.

Damit sich die Algen im Fell, die auch als wichtige Nahrungsquelle für das Faultier dienen, richtig entfalten, benötigt das Faultier die Hilfe von Pilzen, Mikroben und einer großen Zahl an Motten. Letztere legen ihre Eier im Kot des Faultieres ab. Somit bedingen sich das Gedeihen des Mottennachwuchses und der Toilettengang des Faultieres scheinbar gegenseitig. Denn genau in der Zeit, in der das Faultier sich auf dem Boden erleichtert, können die Mottenweibchen ihre Eier in den Exkrementen platzieren. Aus Sicht des Faultieres ist der Bodengang somit gleichermaßen lebensnotwendig wie tödlich.

Menschen sind unterdessen beim Geschäft unter freiem Himmel weniger häufig durch Schlangen oder Jaguare bedroht. Gleichwohl lauern auch auf sie manche Schreckensszenarien mit zum Teil tödlichem Ausgang. So ist das Wildpinkeln nicht nur vielerorts verpönt, sondern birgt auch hier und da großes Gefahrenpotential. Ewig junge Klassiker sind hier Weidezäune, die unter Strom stehen. Bei manch unbedarftem Kerl wandelte sich das beste Stück hier schon nach einem kurzen, unüberlegten Strahl zu einer Art Zitteraal. Was nicht automatisch bedeutet, dass der kleine Stromschlag eine pädagogische Wirkung zeigt.

Darauf lässt zumindest ein Vorfall im Oktober 2012 in einem Pariser Vorort schließen. Dort war ein angetrunkener junger Mann auf das Dach eines rollenden Vorstadtzuges geklettert und versuchte, einmal so in Fahrt, zu urinieren. Dabei erlitt der 25-Jährige nicht nur einen Stromschlag, sondern auch schwere Verbrennungen an seinem Gemächt, den Armen, Beinen und im Gesicht.

Ganz übel erwischte es fast zum gleichen Zeitpunkt auch einen Bauarbeiter in Malaysia. Dieser hatte sich mit runtergelassener Hose an ein Flussufer gehockt, um sein großes Geschäft zu erledigen, als ein Krokodil aus dem Wasser hochschnellte und ihn in den Allerwertesten und den Rücken biss.

Geistesgegenwärtig stach der 32-Jährige nach eigenen Angaben dem Reptil ins Auge und konnte sich mit schweren Verletzungen befreien und fliehen. Dagegen mutet es fast schon angenehm an, „nur“ mit den Füßen in einem Ameisenhaufen zu stehen oder wenn eine Wespe den entblößten Podex auf seine Stichfestigkeit prüft und punktuell vergrößert.

Ungleich komischer wirken da die Erlebnisse eines amerikanischen Naturfreundes. Dieser hatte bereits einige Tage mit seinen Freunden in der Wildnis verbracht. Während sich die Gruppe ein schattiges Plätzchen für ein Picknick unterhalb eines Felsens suchte, schien sich seine tagelange Verstopfung zu lösen. Kurzum kletterte er bergan, um sich hinter einem Busch hockend zu erleichtern. Mit Erfolg. Ein erster harter, kugelförmiger Köttel plumpste zu Boden, um sich sofort selbständig zu machen und talwärts zu rollen. Und es kam natürlich, wie es kommen musste. Das rollende Würstchen kullerte direkt in das soeben ausgebreitete Picknick.

Ein nicht ganz so appetitliches Missgeschick, das aber zugleich zeigt, welche Fallstricke die Natur mitunter für uns bereithält. Zum einen möchten die geneigten Outdoor-Freundinnen und Outdoor-Freunde auch unterwegs beim Müssenmüssen seine Privatsphäre möglichst mehr als nur ein Stück weit wahren. Zum anderen möchten viele, wenn sie schon draußen ihr Geschäft verrichten müssen, dabei zumindest eine schöne Aussicht genießen.

Was – wie das Beispiel zeigt – schon mal im wahrsten Sinne des Wortes nach hinten losgehen kann.

So gesehen ist es manchmal vielleicht besser, sich an einem einzigen kleinen Wildblümchen statt an einem atemberaubenden Panoramablick zu erfreuen. Denn ganz ehrlich, während sie da so hocken, haben nur die wenigsten ein Auge für die Schönheit der umliegenden Landschaft und entfernte Gipfel. Andererseits kann ein mit Bedacht gewähltes Plätzchen, an dem man zunächst drückend und dann erleichtert einem herrlichen Landstrich gegenüberhockt, durchaus inspirierend sein – ein fast schon meditativer Moment, in dem man einfach mal die Seele baumeln lassen kann.

Doch zurück zu unserem amerikanischen Naturfreund mit dem Hang zu einem ungewollten Malheur am Hang. Die Peinlichkeit hätte er sich sparen können, wenn er ein kleines Loch ausgehoben hätte. Vorausgesetzt, der Boden an besagter Stelle war weich genug und er hätte entsprechendes Werkzeug dabeigehabt.

Überhaupt sollte ein Loch zu graben stets die erste Option für Naturfreundinnen und Naturfreunde sein. Schon allein, um die Natur nicht zu verunreinigen und um der Verbreitung von Keimen und Krankheitserregern vorzubeugen. Zudem danken es die anderen Outdoor-Liebhabenden, die nicht unvermittelt in eine menschliche Tretmine stapfen.

Wer weder Spaten, Löffel noch Messer dabeihat, kann je nach Beschaffenheit des Bodens mit einem herumliegenden Ast, einem Stein oder gar dem Absatz seiner Wanderschuhe versuchen, ein Loch zu graben. Wobei sich die Geister darüber streiten, ob es sinnvoller sei, erst das Loch zu graben und sich dann zu erleichtern oder umgekehrt. Je nachdem, wie groß der Druck in der Darmgegend ist, bleibt einem keine andere Wahl, als das Loch später auszuheben. Das bietet auch den Vorteil, dass man die mangelnde Treffsicherheit in der Hocke ignorieren kann.

Sich entspannt hinzuhocken, um einem dringenden Bedürfnis nachzugehen, kann nicht nur aufgrund der Bodenbeschaffenheit zu einem Problem werden. Altersbedingt, teilweise auch aufgrund mangelnder Fitness, fällt es der einen oder anderen Person durchaus schwer, das Gleichgewicht zu halten. In solchen Fällen sollte man sich entweder neben einen Baum hocken oder so, dass man sich an einem stabilen Ast festhalten kann. Das zahlt sich auch aus, wenn unversehens die Beine während einer Sitzung einschlafen sollten. Die beste Variante ist jedoch, sich nach einem Platz umzuschauen, an dem man sein Geschäft im Sitzen verrichten kann.

Nun kommt es durchaus schon mal vor, dass man auch nach Einbruch der Dunkelheit in der Wildnis unterwegs ist oder gar plant, im Freien zu übernachten. Nicht ausgeschlossen ist dabei, dass man sich auch nachts ein wenig erleichtern muss. Schon tagsüber fällt es je nach Dringlichkeit des Geschäftes schon mal schwer, den Überblick zu behalten, wo es gerade sinnvoll ist, sich mit runtergelassener Hose hinzuhocken und wo nicht. Ameisen, Brennnesseln und Dornbüsche sind dabei nur einige der möglichen Unwägbarkeiten. Schlangen beispielsweise halten sich vorzugsweise an oder unter Felsblöcken oder in und an hohlen Baumstümpfen beziehungsweise unter Holzstapeln auf. Auch Wildschweine haben hier und da schon mal für eine unfreiwillige, tierische Überraschung gesorgt.

Im Dunkeln potenziert sich dieser Spaß möglicherweise noch, wenn einem plötzlich bewusst wird, dass das Essen allmählich am Ende seines Weges durch das Körperinnere angelangt ist. Wobei Streicheleinheiten durch Brennnesseln noch zu den angenehmsten Überraschungen gehören könnten. Daher sollte, wer nachts in der Natur unterwegs ist, auf jeden Fall eine Taschen- oder Stirnlampe dabeihaben, um die Umgebung der „Naturtoilette" sorgsam in Augenschein nehmen zu können. Streichhölzer und Kerzen sind da nur bedingt hilfreich. Erstere haben nur eine kurze Brenndauer, während die entzündeten Wachsleuchten schnell mal vom Wind ausgeblasen werden und nur eine bedingte Leuchtkraft haben. Besser ist, das Handy zu zücken. Schließlich verfügen heutzutage alle modernen Handys über eine Taschenlampen-Funktion. Um den Akku am Laufen zu halten, bietet sich eventuell an, ein Aufladegerät, das mit Sonnenkraft funktioniert, mit sich zu tragen.

Gleichwohl sollte sich niemand von den genannten Unwägbarkeiten abschrecken lassen. Denn ganz ehrlich, in einer Stadt kann es mitunter ungleich schwieriger sein, eine Toilette zu finden. Vielfach wurden öffentliche Toiletten aus Kostengründen geschlossen oder sind in einem derart erbärmlichen Zustand, dass man sich den Besuch doch lieber verkneift, wenn es irgendwie noch möglich ist. Zudem ist es in vielen Kommunen bei Strafe verboten, wild zu urinieren.

Und wer kann nicht ein Lied davon singen, wie eine Irre oder ein Irrer völlig verzweifelt auf der Suche nach einer Toilette oder wenigstens einer geeigneten Ecke durch eine Stadt gerannt zu sein? Wie oft standen Verzweifelte schon vor einer Tür mit einem handgekritzelten Außer-Betrieb-Schild? Wie oft stehen Toiletten in Restaurants und Kneipen nur zahlenden Gästen zur Verfügung? Und wie oft stand man vor einer dieser Bezahltoiletten und hatte kein passendes Kleingeld? Keine Frage, die Toilettensuche in der Stadt kann weitaus frustrierender sein, als die Suche nach einem geeigneten Plätzchen in der Natur.

Wie so oft hält hier das Mobiltelefon eine praktische Hilfe parat: Apps wie zum Beispiel „Toilet finder App“ oder „Flush toilet finder“ helfen bundes- bzw. weltweit, die nächstgelegene Toilette zu finden. Mithilfe der leicht zu bedienenden **Klosuchmaschine** lassen sich unter Angabe des Standortes in einer Suchmaske in Sekundenschnelle über zwei Millionen Toiletten ausfindig machen. Wobei in Momenten dringender Dringlichkeit ja meist eine erreichbare Toilette schon völlig ausreicht ...

Einen etwas anderen, gleichwohl ebenso findigen Ansatz verfolgte die von den Amerikanern Max Gaudin und Travis Laurendine entwickelte App „Airpnp". Die Minianwendung sollte eine Art digitale Toilettenvermittlung sein. Privatpersonen boten hier ihre Toiletten zur Nutzung durch Wildfremde an und durften im Gegenzug selbst festgelegte Nutzungsgebühren von umgerechnet bis zu € 3,60 erheben. Fotos und Bewertungen der privaten Örtchen, die von zahlenden Nutzerinnen und Nutzern erstellt wurden, sollten helfen, ein geeignetes, vor allem sauberes Privat-WC zu finden. Da die App zum letzten Mal im Jahre 2016 aktualisiert wurde, ist sie allerdings für dringende kleine und große Geschäfte im Hier und Jetzt wohl leider nicht mehr sehr geeignet.

Eingelocht

Dass ein Loch die beste Möglichkeit ist, seine Hinterlassenschaften in der freien Natur zu beseitigen, wurde schon an anderer Stelle kurz gestreift. Gleichwohl soll das Thema hier ein wenig mehr vertieft werden. Schließlich erwartet man von einem Outdoor-Ratgeber wie diesem handfeste Tipps, wie man(n) und frau die – salopp gesagt – „Scheiße" vernünftig wieder los wird. Vor allem so, dass Verunreinigungen – insbesondere von Wasser – möglichst vermieden werden und eine schnelle Zersetzung der Fäkalien unterstützt wird.

Dabei sollte sich eine jede und ein jeder klarmachen, wie unbedeutend er (oder sie) samt Häufchen im globalen Kontext ist. Derzeit leben mehr als 7,88 Milliarden Menschen auf dem Erdball. Und pro Sekunde werden weltweit rund 4 Kinder geboren. Jährlich sind dies gut 132 Millionen Menschen, was weit über der Gesamteinwohnerzahl von Deutschland liegt. Im Jahre 2100 – so die Berechnung – wird die Weltbevölkerung sogar die 11-Milliarden-Grenze überschreiten.

Fakt ist, all diese Menschen gehen mehrmals täglich dahin, wohin selbst der Kaiser zu Fuß geht. Doch nicht nur die Menschen entleeren Blase und Darm, auch die Millionen und Abermillionen Tiere rund um den Erdball. Ob kleine Vögel oder große Büffel, ob Hase oder Elefant, ob Mäuschen oder Flusspferd – sie alle tragen zu einem gigantischen Haufen bei, der tagtäglich auf die Erde niederprasselt – was nichts mit dem viel zitierten Shitstorm aus dem Internet zu tun hat, bei dem es vornehmlich in sozialen Netzwerken kübelweise Kritik an Gesagtem oder Getanem hagelt.

Keine Frage, unsere Erde ist schon ein Wunderwerk. Seit mittlerweile rund 230 Millionen Jahre absorbiert sie nun menschliche und tierische Ausscheidungen, ohne zu einer völlig versifften, stinkenden Kugel verkommen zu sein. Gemessen an den weltweiten Hinterlassenschaften und durch die globale Lupe betrachtet, ist die eigene Darmentleerung daher winziger noch als mikroskopisch klein. Was nicht heißt, dass wir achtlos mit den eigenen Hinterlassenschaften umgehen sollten. Alle können mit entsprechender Hygiene und Umsicht ihr Scherflein dazu beitragen, dass sich Keime und Bakterien weniger stark ausbreiten und Gebirgsbäche so rein und klar bleiben, wie sie sind.

Denn Fakt ist, dass weltweit mehr Menschen durch die Folgen mangelnder Sanitärhygiene als durch Aids, Malaria und Masern ums Leben kommen. Jährlich sterben fast 7,5 Millionen Menschen an Durchfallerkrankungen infolge unzureichender hygienischer Bedingungen. Vor diesem Hintergrund mag die Tatsache besonders erschreckend wirken, dass gemäß Schätzungen der Vereinten Nationen weltweit mehr als 1,3 Milliarden Menschen noch immer keinen Zugang zu Toiletten haben. In Indien beispielsweise verrichten nach UN-Angaben mehr als 40 % der Bevölkerung ihre Notdurft im Freien.

Jedem Menschen sollte bewusst sein, dass er möglicherweise Krankheitserreger in sich trägt, die er mit ausscheidet. Daher sollte unbedingt vermieden werden, dass diese Erreger ins Wasser gelangen, wo sie oftmals wochen- oder gar monatelang lebensfähig sind. Insbesondere in kälteren Gewässern wie Gebirgsbächen und -flüssen. Die weltweit am weitesten verbreiteten Darmparasiten sind die **Giardia lamblia**, die sich nahezu, wenn auch mikroskopisch klein, in allen Gewässern nachweisen lassen.

Diese Parasiten kommen insbesondere in wärmeren Gefilden vor. Besonders stark verbreitet ist dieser Auslöser für eine **Durchfallerkrankung**, die gemeinhin als **Lambliasis** oder **Lamblienruhr** bezeichnet wird, in Gebieten mit mangelnder Hygiene wie in Indien oder Ägypten. Auch in Italien, Spanien oder der Türkei gehört die Lambliasis zu den häufigsten Krankheitsbildern, wobei überwiegend Kinder unter 10 Jahren und Erwachsene im Alter von 20 bis 40 Jahren betroffen sind. In Mitteleuropa ist die Ansteckungsgefahr hingegen extrem niedrig, sie liegt unter 1 Prozent.

Wobei die Betroffenen oftmals gar nicht wissen, dass sie an Lambliasis erkrankt sind. Die infektiösen Parasiten werden in der Regel mit dem Stuhlgang ausgeschieden. Die Übertragung der Keime erfolgt vorwiegend über verunreinigtes Wasser. Durch ungenügende Hygiene, kontaminiertes Essen und verunreinigtes Wasser können sich dann weitere Menschen mit den Krankheitserregern infizieren. Der Zeitraum zwischen der Ansteckung und dem Ausbruch der Krankheit kann zwischen drei Tagen und dreieinhalb Wochen betragen. Was zur Folge hat, dass Betroffene oftmals nicht mehr wissen, wann und wo sie sich möglicherweise infiziert haben.

Dies wiederum ist auch der Tatsache geschuldet, dass eine Lambliasis von sehr unterschiedlichen und unspezifischen Symptomen begleitet sein kann. Der Bogen reicht von einem Erschöpfungs- und Völlegefühl über Appetitmangel, erhöhte Temperatur und Erbrechen bis hin zu Blähungen und Durchfall. Üblicherweise ist die Krankheit nach ein bis zwei Wochen ausgestanden. Bei schwerem Verlauf empfiehlt sich eine medikamentöse Behandlung. Wichtig ist auch zu wissen, dass die Lambliasis von Menschen auf Tiere und umgekehrt übertragen werden kann.

Daraus ergeben sich für den Aufenthalt in der freien Natur zwei Konsequenzen: Zum einen sollte auf keinen Fall ungefiltertes Wasser aus Bächen, Flüssen oder anderen Wasserflächen getrunken werden, zum anderen sollte tunlich darauf geachtet werden, dass man nicht selbst mit seinen Hinterlassenschaften zu einer möglichen Ausbreitung der Krankheit beiträgt. Womit wir wieder beim Thema „Loch" wären.

Ein Loch zu graben, in dem die eigenen Hinterlassenschaften landen und dann fein säuberlich mit dem Aushub wieder zugeschüttet werden, ist die ökologisch unbedenklichste Art, in der Natur seinen Darmtrakt zu entleeren. Idealerweise greift man diesbezüglich zu einem **Klappspaten**. Diese gibt es auch in handlicher Größe, die bequem in den Rucksack passt. Sie lassen sich dazu noch für eine Vielzahl anderer Dinge unterwegs gut nutzen: zum Ausheben einer Feuerstelle, zum Begradigen eines Schlafplatzes oder zum Aufschütten eines kleinen Schutzwalls.

Klappspaten

Klappspaten gibt es in allen möglichen Varianten, Ausführungen und Größen ab circa € 23,50 im Outdoor-Handel (unter anderem unter 💻 www.campz.de) – vielfach in einer praktischen Gürteltasche. Leichter zu transportieren und bei lockeren Böden durchaus als Grabehilfe zu gebrauchen ist ein Löffel.

Grundsätzlich gibt es kein Patentrezept für die Beschaffenheit eines idealen Loches. Wichtig ist vor allem, dass dieses nicht von anderen Wanderinnen und Wanderern sowie Tieren oder bei heftigen Winden und Stürmen wieder aufgedeckt wird. Denn nur wenn es tief genug ist, lässt sich verhindern, dass Krankheitserreger beispielsweise durch Insekten aufgenommen und verteilt werden.

Wichtig ist auch, dass der Platz für das Loch so gewählt ist, dass die Fäkalien und damit mögliche Erreger nicht ins (Trink-)Wasser gelangen. Dazu sollte ein Mindestabstand von 50 Metern zu dem Gewässer eingehalten werden. Außerdem sollten nach Möglichkeit Stellen gewählt werden, die deutlich über der Wasserlinie liegen, um eventuellen Überschwemmungen durch Hochwasser nach starken Regenfällen oder durch die Schneeschmelze im Frühjahr vorzubeugen.

Darüber hinaus gibt es zahllose weitere Faktoren, die eine Zersetzung der vergrabenen Fäkalien beeinflussen. Der Bogen spannt sich von der Bodenart und damit von der Filtrationsrate über das Gefälle des ausgewählten Areals bis hin zu den klimatischen Bedingungen.

Die Wahl eines idealen Standortes für ein solches Loch hängt aber auch von der Bodenbeschaffenheit ab. Lockere Böden bieten mehr Möglichkeiten als steiniges Terrain. Aber auch die Jahreszeit spielt eine Rolle. Im Winter sind Böden oft hart gefroren und es ist nur schwerlich möglich, ein Loch auszuheben. Andere Maßstäbe müssen ferner in Gebirgslandschaften, in Regionen oberhalb der Baumgrenze und in Dauerfrostgebieten angewendet werden. Hier ist das Graben eines Loches mit einfachen Hilfsmitteln oft unmöglich.

Gleiches gilt für völlig ausgedörrte Böden. Diese sind oft knüppelhart. Hier jedoch ist es nicht unbedingt notwendig, unter großen Anstrengungen ein Loch zu graben. Auf der trockenen Oberfläche breiten sich Bakterien in der Regel kaum aus. Zudem besteht nur ein geringes Risiko, dass die Fäkalien weggespült werden. Allerdings wird hier die natürliche Zersetzung nicht selten von unangenehmen Gerüchen begleitet.

Ideal, um ein Loch zu buddeln, aber auch ideal, um eine möglichst schnelle, natürliche Zersetzung einzuleiten, sind trockene bis leicht feuchte, humusreiche Böden. Selbst wer sich für einen Moment wie ein Maulwurf fühlt, muss nicht im Grabowski-Stil versuchen, sich bis auf die andere Seite des Erdballs durchzugraben. Es genügt vollkommen, wenn ein Loch etwa eine (Männer-)Handlänge tief ist – was etwa 15 bis 20 Zentimetern entspricht. Denn genau in diesen Erdschichten finden sich jene Bakterien, die Exkremente am schnellsten und wirkungsvollsten zerfallen lassen.

Das Tempo, in dem die Fäkalien zerfallen, lässt sich noch beschleunigen, indem die Hinterlassenschaften mit Teilen des Aushubs verrührt werden. Als Hilfsmittel eignet sich dazu ein herumliegendes Stöckchen, das hinterher gleich mit eingebuddelt werden sollte. Im Rahmen wissenschaftlicher Studien konnte Anfang der 1980er-Jahre in den USA nachgewiesen werden, dass die Vermischung von Exkrementen mit dem Bodenaushub für eine deutlich schnellere Zersetzung sorgt.

Gleichwohl können sich nur die wenigsten Naturfreundinnen und Naturfreunde für diesen im wahrsten Sinne des Wortes „rührenden Ansatz" begeistern. Wohl auch, weil die „manuelle Art" des Einarmmixers den Nachteil hat, dass einem einige nicht ganz so feine Düfte in die Nase steigen könnten.

Nicht unerwähnt bleiben sollte in diesem Zusammenhang auch die Verwendung von Toilettenpapier oder – wie gerne praktiziert – von Papiertaschentüchern. Diese sollten nach dem Gebrauch weder mit eingebuddelt noch verbrannt werden. Stattdessen sollte das Papier in einer gut verschließbaren Tüte gesammelt und wieder mitgenommen werden. Das gilt erst recht für alle anderen, nicht-organischen Toilettenartikel, die im Wald und der freien Natur zum Einsatz kommen könnten, wie Windeln, Binden oder Tampons.

In Gebirgslandschaften, in Regionen oberhalb der Baumgrenze und vor allem in Dauerfrostgebieten macht das Graben eines Loches in der Regel keinen Sinn. Ebenso in winterlichen Landschaften. Insbesondere, wenn einem die Region nicht bekannt ist, sollten offene Flächen als Freilufttoilette gemieden werden. Dies hängt weniger mit dem mangelnden Sichtschutz auf ein entblößtes Hinterteil zusammen, sondern vornehmlich mit potenziellen Gefahrenquellen.

Unter der Schneedecke könnten sich zugefrorene Teiche, Bachläufe oder kleine Seen befinden. Die Gefahr, hier durchs Eis zu brechen, ist groß. Unabhängig davon könnte es sich um ein Überschwemmungsgebiet handeln. Dies bedeutet, dass etwaige Hinterlassenschaften hier im Schnee und Eis fein konserviert werden und dann mit der Schneeschmelze in den Wasserkreislauf geraten könnten.

Gleichwohl kommt es durchaus schon mal vor, dass einen der Ruf der Natur an Stellen ereilt, an denen sich aus den genannten Gründen partout kein Loch graben lässt und an denen es noch dazu schweinekalt ist. Insbesondere Winterwanderinnen und Winterwanderer können wohl ein Lied davon singen. Ein Problem ist dabei oft schon die Kleidung. Diese so abzulegen, dass man seinem Geschäft nachgehen kann, ohne sich komplett entkleiden zu müssen, ist eine wahre Kunst. Oftmals werden Overalls getragen oder Hosen mit Trägern die unter der Jacke und eventuell noch dem Hemd verlaufen. Außerdem gilt es, sich durch mehrere Lagen von Funktionswäsche und Unterwäsche zu wühlen. Praktisch sind hier Hosen mit Reißverschluss vorne und einer mit Knöpfen angebrachten Gesäßhälfte. Solche Hosen gibt es in Outdoor-Fachgeschäften.

Wer mit mehreren Leuten in der freien Natur unterwegs ist oder sich für einige Tage an einem Ort in der Wildnis eingerichtet hat, sollte nach Möglichkeit davon absehen, eine **Latrine** für die gesamte Gruppe auszuheben. Denn ein solches, größeres Loch, in dass sich mehrere Leute, eventuell gar über Tage erleichtern, ist nicht unproblematisch. Die große Menge an Fäkalien zersetzt sich nämlich nur sehr langsam und weist eine enorm hohe Konzentration an Bakterien und eventuellen Erregern auf.

Wer dennoch glaubt, eine Latrine ausheben zu müssen, sollte wie beim einfachen Loch etwa 15 bis 20 Zentimeter tief graben. Die Länge der Rinne hängt von der Personenzahl und der Verweildauer ab. Doch es empfiehlt sich, erst einmal klein anzufangen. Verlängern lässt sich die Rinne später immer noch. In der Regel genügen zunächst einmal 1,5 bis 2 Meter bei einer Breite von 20 bis 30 Zentimetern. Der Aushub sollte der Länge nach an einer Seite der Rinne aufgeschüttet werden.

Für die Standortwahl (siehe Seite 44f) gelten dabei die gleichen Kriterien wie für ein normales Loch. Das heißt, die Nähe zu Gewässern sollte unbedingt gemieden werden. Außerdem sollten die ausgewählten Fleckchen Erde deutlich über der Wasserlinie liegen, um nicht bei Hochwasser überspült zu werden.

Bei der Nutzung einer solchen Latrine ist es sinnvoll, dass sich alle darauf verständigen, von welcher Seite aus die Nutzung erfolgt. Wer immer sein Geschäft über der Rinne erledigt hat, sollte mittels eines Stockes die Exkremente mit Teilen des aufgeschütteten Bodenaushubs vermischen und anschließend mit einer weiteren Schicht Mutterboden bedecken und das Ganze festtreten.

Dabei sollten sich die Gruppenmitglieder eines gemeinsamen Rührstocks bedienen. Dieser sollte nach Gebrauch neben der Stelle, die zuletzt genutzt wurde, in den Boden gesteckt werden. Mit dem zum Rühren benutzten Ende nach unten, versteht sich. Unabhängig davon sollte die Gruppe an der Latrine eine Papiertüte deponieren, in der das gebrauchte Toilettenpapier gesammelt wird. Das Ganze kann so später komplett mitgenommen oder im Lagerfeuer verbrannt werden.

Wesentlich unproblematischer ist dagegen das Urinieren in freier Wildbahn. Der Urin zieht für gewöhnlich schnell in den Boden ein und ist weitgehend steril. Der unangenehme Geruch verflüchtigt sich ebenfalls relativ schnell. Es sei denn, es handelt sich um eine „viel genutzte" Stelle. Als Naturfreundin oder Naturfreund sollte eine solche unbedingt schon aus olfaktorischen Gründen gemieden werden.

Es gibt sogar Regionen in der Welt, in denen die Leute aufgefordert werden, direkt ins Wasser zu urinieren.

Im Grand Canyon (💻 www.nps.gov/grca/index.htm) im US-Bundesstaat Arizona fordert beispielsweise die Nationalpark-Leitung die Besucherinnen und Besucher auf, sofern keine Toilette in Reichweite ist, den Wasserpegel des Colorado Rivers punktuell minimal ansteigen zu lassen oder einfach in den Sand der Uferzone zu machen. Begründet wird diese ungewöhnliche Praxis mit den enormen Wassermassen und der hohen Fließgeschwindigkeit des Flusses. Hier stimme das Mischungsverhältnis. Auf 55 Millionen Teile Wasser kommen auf ein Jahr gerechnet lediglich 1 Teil Urin.

Übrigens, wer sein großes Geschäft im Grand Canyon abseits der WC-Häuschen verrichten muss, soll sich, so die Empfehlung der Parkleitung, mindestens 75 Schritte vom Weg entfernen und dort ein Loch graben, in das er sich erleichtert. Natürlich soll das Loch – wie bereits beschrieben – dann wieder zugeschüttet werden.

Unabhängig davon geht der Trend unter Naturfreundinnen und Naturfreunden eindeutig zur „Mitnahmementalität". Das Verbuddeln der Exkremente ist fraglos besser, als diese einfach achtlos herumliegen zu lassen. Noch besser jedoch ist, überhaupt keine Fäkalien in der Natur zurückzulassen. Mittlerweile gibt es eine Reihe von tragbaren, wasserdichten Behältnissen, um die menschlichen Abfälle bis zur nächsten Toilette mitzunehmen, wo sie dann vernünftig entsorgt werden können. Auch tragbare Toiletten sind in verschiedenen Größen und Ausstattungen zu bekommen.

Für etwa € 40 lässt sich eine faltbare **Feldtoilette** (erhältlich u. a. unter www.fritz-berger.de) mit einem verzinkten Hockergestell erwerben. Diese mit nur 840 Gramm verhältnismäßig leichte Variante lässt sich ähnlich wie ein Campingstuhl aufklappen und am Ort der Wahl aufstellen. In einer Höhe von rund 40 Zentimetern befindet sich ein Toilettensitz, darunter ist ein handelsüblicher Polyethylenbeutel mit Klemmring angebracht. Allerdings ist die Feldtoilette für Leute mit mehr als 100 Kilogramm wenig geeignet. Vielmehr droht sie bei fülligeren Menschen mitten bei der Verrichtung des Geschäftes zusammenzuklappen.

Feldtoilette

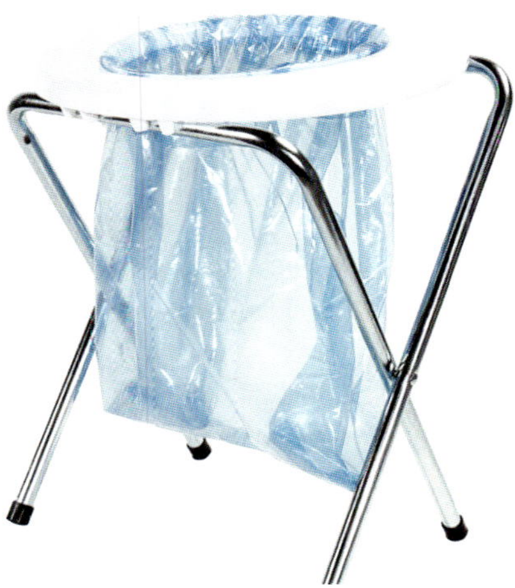

Outdoor-Toilette

Nicht wesentlich schwerer, dafür rund zwei Drittel preisgünstiger ist eine **Outdoor-Toilette** aus aufklappbarer Pappe. Für etwa € 39 ist der rechteckige Thron mit einem Gewicht von 1,1 Kilogramm u. a. unter www.campingwagner.de zu haben. Mit wenigen Handgriffen lässt sich die Kartonage in eine Sitztoilette verwandeln. Unter den Deckel wird eine Tüte als Auffangbehälter gehängt.

Daneben hält der Outdoor-Handel (unter anderem unter www.fritz-berger.de) für Preise ab etwa € 49 sogenannte **Eimertoiletten** vor. Diese verfügen über einen komfortablen Sitz mit Deckel sowie einem herausnehmbaren Eimer mit einem Fassungsvermögen von bis zu sieben Litern. Die Eimertoiletten sind deutlich leichter als Chemietoiletten und wesentlich umweltfreundlicher.

Auf den ersten Blick muten tragbare Toiletten überaus praktisch an. Zum Beispiel bei Bootstouren, wo sie, je nach Beschaffenheit des Bootes, bequem neben dem Gepäck verstaut werden können. Doch gibt es eine Reihe von Dingen, die beim Erwerb dieser mobilen Klos zu berücksichtigen sind. Da ist sicherlich zum einen der Preis, zum anderen aber auch die Handhabung inklusive der Reinigung des Sammeltanks. Denn vor allem Letzteres ist alles andere als vergnügungssteuerpflichtig. Das Entleeren und Spülen des Tanks kann einem im wahrsten Sinne des Wortes schnell mal komplett den Atem verschlagen. Denn in den luftdichten Tanks bilden sich relativ schnell übel riechende Gase, die beim Öffnen unweigerlich entfleuchen.

Daher sollte, wer es sich leisten kann, eine Toilettenvariante mit einem automatischen Druckregler erwerben. Dies mindert zudem die Gefahr, dass ein von der Sonne überhitzter und mit Gasen gefüllter Tank explodiert.

Wer sich für die preisgünstigere Variante ohne Druckausgleichsventil entscheidet, sollte sicherheitshalber in regelmäßigen Abständen den Verschluss des Behälters lüften, damit einem die Sch... nicht eines schönen Sonnentages um die Ohren fliegt ...

Beim Umgang mit den tragbaren Toiletten gibt es generell zwei unterschiedliche Philosophien. Die einen nutzen die mobilen Klos wie eine normale Toilette. Erledigen dort das große Geschäft, urinieren aber auch hinein. Das hat den Vorteil, dass sich in dem Behältnis keine klumpige Masse bildet, aber den Nachteil, dass durch die Zugabe von Urin die Entstehung von Gasen gefördert wird und sich das Gewicht der Behältnisse stark erhöht. Entsprechend schwören die anderen darauf, die Toiletten ausschließlich für das große Geschäft zu nutzen. Wenn sie dann an einer Entsorgungsstation sind, geben sie Wasser hinzu, um das Ganze auszuspülen.

Als Alternative zu tragbaren Toiletten bieten sich Behältnisse aus Plastik oder Metall an, die verschließbar sind und vor allem wasserdicht. Dies können beispielsweise Plastikschüsseln sein.

Allerdings habe die Behältnisse in der Regel zwei große Nachteile: Zum einen ist ihr Fassungsvermögen begrenzt, zum anderen dürfte kaum jemand nach dem ersten Gebrauch Lust darauf verspüren, die Schüsseln oder Dosen in irgendeiner Form weiter zu benutzen – egal, wie gründlich sie zuvor gereinigt wurden.

Und für diejenigen, die mehrere Tage in der freien Natur unterwegs sind, scheiden diese Behältnisse aufgrund des geringen Auffangvolumens aus. Es sei denn, im Rucksack findet die gesamte Frühjahrskollektion von Tupper & Co. Platz. Zudem scheinen die Plastik- oder Blechbehälter je nach Art der Verdauung mit ihrer geringen Trefffläche nur bedingt geeignet. Denn wer beispielsweise von Durchfall gequält wird, dürfte gewisse „Streuverluste“ und Spritzeffekte kaum vermeiden können.

Problematisch ist zudem die Neigung vieler Plastik- und Metalldeckel, gerne mal aufzuspringen oder nicht 100-prozentig dicht verschließbar zu sein. Die Horrorvorstellung, was im Rucksack passiert, wenn so ein frisch gefülltes Schüsselchen unterwegs aufspringt, überlassen wir an dieser Stelle lieber komplett dem Kopfkino. Ebenso wie die Vorstellung, dass es Naturfreundinnen und Naturfreunde gibt, die sich eine etwas größere Plastikschüssel mit Deckel unterwegs teilen. Ganz sicher möchte eine jede und ein jeder in diesem Falle die oder der Erste sein …

Fans des mobilen Tupperdosen-Klos schwören darauf, vor dem Gebrauch etwas Sand, losen Boden oder Katzenstreu von zu Hause in die Schüssel zu geben, da sie sich dann besser wieder reinigen lässt. Manche greifen alternativ zu herumliegenden, trockenen Blättern. Strittig ist ferner, ob es schlauer sei, zu versuchen, sich direkt in die Schüssel zu erleichtern, oder ob man besser erst auf den Waldboden macht und das Ganze dann mithilfe eines kleinen Spatens einpackt. So oder so ist dies eine Verwendungsart, die die Unternehmen wie Tupper & Co bei der Entwicklung ihrer Produktpalette ganz sicher nicht vor Augen hatten.

Nahezu unmöglich ist es, eine Empfehlung für das erforderliche Mindestfassungsvermögen von Plastik- oder Metallsammelgefäßen als Ersatztoilette zu geben. Zu unterschiedlich sind doch die Anforderungen. Die Menge der Exkremente ist bei Männern in der Regel deutlich größer als bei Frauen oder Kindern. Auch die Häufigkeit des Stuhlgangs variiert stark. Zwischen 3 und 20 Toilettengänge pro Woche sind für Erwachsene normal. Bei Erkrankungen des Magen- und Darmtrakts kann sich dies jedoch deutlich erhöhen. Gemäß Berechnungen amerikanischer Wissenschaftlerinnen und Wissenschaftler scheiden Erwachsene beim großen Geschäft im Mittel ein halbes Pfund Nassgewicht pro Tag aus.

Beeinflusst werden die Menge und Konsistenz des Stuhlgangs zudem durch eine Menge weiterer Faktoren wie dem Körperbau oder der Art der Ernährung. Wer viele Ballaststoffe zu sich nimmt, muss größere Mengen wieder ausscheiden.

In einigen, vor allem heißen Regionen lässt sich die Energie der Sonne nutzen. Dazu sollte ein harter Untergrund, im Idealfall ein möglichst flacher Felsbrocken, gewählt werden, um dort das große Geschäft zu erledigen. Das Ganze wird dann mittels UV-Strahlung „gebacken". Dabei wird den Hinterlassenschaften die Feuchtigkeit entzogen. Auch viele Erreger sterben angesichts der intensiven Sonneneinstrahlung ab, was aber oft nicht gerade geruchsneutral verläuft. Wenn das Ganze staubtrocken ist, lässt es sich in eine Tüte schieben und bequem mitnehmen.

Manche neigen auch dazu, es dem Wind und der Sonne gänzlich zu überlassen, die Exkremente zu zersetzen und mit einem mehr als lauen Lüftchen zu verteilen. Bei Letzterem sollte der Ort so gewählt sein, dass hier nicht ganze Wandertruppen zwangsläufig in den kommenden Tagen vorbeistapfen. Um die Zersetzung zu beschleunigen, sollten die Hinterlassenschaften möglichst Kuhfladenform erhalten. Wobei diese eher an einen ultraflachen Crêpe erinnern sollte. Das erfordert allerdings im Normalfall ein aktives Verteilen der Exkremente. Was dann zumeist mithilfe eines flachen Steines oder eines stabilen Stockes erfolgt.

Unverfängliche Auffangbehälter

Um die Blase zu entleeren, bedarf es nicht viel. Eine unbeobachtete Ecke, einen Busch oder einen Baum. Manchmal tut es auch ein Sichtschutz in Form eines Zauns oder eines Geröllhaufens. Unabhängig davon gibt es für das kleine Geschäft auf Reisen ebenfalls eine Reihe praktischer Mitnahmehilfen. So schön es hier und da sein mag, sich einfach ungezwungen zu erleichtern, so sehr gibt es Situationen, in denen dies aus verschiedenen Gründen gerade nicht geht, schwierig oder gar gefährlich ist und in denen ein Auffangbehältnis überaus willkommen scheint. Sei es, weil man ohne Licht auf einer nächtlichen Lichtung sein Zelt aufgeschlagen hat und nicht in der Finsternis nach einer geeigneten Pinkelstelle suchen möchte, sei es, weil es gerade draußen Bindfäden regnet, oder sei es, weil gerade ein Rudel wilder Tiere um das Zelt schleicht. Auch bei einer Bootstour, einer Ballonfahrt oder bei einer Klettertour, bei der noch einige Bergsteigerinnen und Bergsteiger hinter einem sind, kann man sich in der Regel nicht einfach so erleichtern.

Abhilfe verspricht hier beispielsweise die **Biffy Bag** (💻 www.biffybag.de). Dies ist eine handliche Einwegtoilette für unterwegs, die schon ab € 4,95 erhältlich ist und bei einer Länge von gerade einmal 12 Zentimetern, einer Breite von 2 Zentimetern und einem Gewicht von 65 Gramm in jedem Rucksack und sogar in der Hosentasche bequem Platz findet.

Die Reisetoilette ist reißfest, verfügt über eine dreilagige Auslaufsicherung und enthält ein spezielles Pulver zur Flüssigkeits- und Geruchsabsorption. Zu der biologisch abbaubaren Unterwegstoilette gehören daneben Toilettenpapier sowie ein Handreinigungstuch. Nach Gebrauch kann die Biffy Bag problemlos verschlossen und mitgenommen werden, bevor sie im normalen Müll entsorgt werden kann.

Ähnlich funktioniert eine auf Männer zugeschnittene **Roadbag** (💻 www.roadbag.de). Der „Straßenbeutel" kann bis zu 700 Milliliter Urin fassen. Das Geheimnis der Roadbag ist der Superabsorber: Dieses Spezialgranulat im Inneren verbindet sich mit dem Urin zu einem festen Gel. Kein Tropfen läuft aus, unangenehme Gerüche werden zuverlässig verhindert beziehungsweise gebunden. Mit 44 Gramm, einer Länge von 12 Zentimetern bei einer Breite von 7 Zentimetern sowie einem Preis ab € 6,09 für eine Dreierpackung ist die Roadbag eine preisgünstige Variante eines mobilen Urinals.

Selbstverständlich gibt es mit der **Ladybag** (💻 www.ladybag.de) ein Gegenstück mit ähnlichem Innenleben für die Frau. Die praktische Einwegtoilette bringt 52 Gramm auf die Waage und ist mit wenigen Handgriffen im Stau, im Zug, beim Camping oder beim Open-Air-Event einsatzbereit. Ein stabiler, anatomisch angepasster ovaler Rand macht das **Taschen-WC** sicher und hygienisch.

Gleichermaßen für Frauen und Kinder geeignet ist das **Yuhtech Notfall-Urinal.** Die Unterwegstoilette ist eine schrumpfbare, wiederverwendbare Notfalllösung für das „kleine Geschäft". Sie besteht aus einer wiederverschließbaren Flasche, die je nach aufzunehmendem Volumen entfaltet werden kann. An der Öffnung ist ein ergonomisch geformter Trichter angebracht. Im Gegensatz zu Road- und Ladybag ist diese Flasche wiederverwendbar und lässt sich nach der Entleerung mit haushaltsüblichen Spül- und Desinfektionsmitteln reinigen. Der Anschaffungspreis liegt bei rund € 11,99 (💻 www.amazon.de). Bei mehrfacher Anwendung hat sich die Investition schnell amortisiert und die Umwelt dankt es einem auch noch, dass man sich gegen einen Wegwerfartikel entschieden hat.

Wie Frauen ihren Mann stehen

Zugegeben, Männer haben es leichter. Zumindest, wenn sie mal kurz Wasser lassen müssen und die Windrichtung kennen. Immer dann, wenn der Mann den Ruf der Natur zu wörtlich nimmt, kann das angeblich starke Geschlecht zur Erregung öffentlichen Ärgernisses mutieren. Denn ähnlich wie bei Hunden müssen Männer in einer scheinbar tief verwurzelten Verbundenheit zur Natur ihr Revier abstecken.

Das Animalische im maskulinen Teil der Bevölkerung schlägt durch – oder besser gesagt, drückt auf die Blase. Halb vertrocknete Bäume, Hecken und Blumenbeete werden liebevoll gewässert, selbst Stromkästen, Zäune, dunkle Ecken und bisweilen auch Hofeinfahrten und Hauseingänge müssen anscheinend vor Dürreperioden geschützt werden. Ein Verhalten, das nicht therapierbar ist. Manneken Pis ist eben nicht nur in Brüssel zu Hause.

Beweise finden sich allerorten. Sei es im Fußballstadion, wo ganze Heerscharen die Mauer des Kickertempels in eine Gemeinschaftslatrine verwandeln. Oder bei der obligatorischen Pinkelpause auf der Autobahn, wo die Könige der Landstraße mit durchnässten Hosenbeinen zurück in ihr Führerhaus klettern. Schuld an dem Dilemma ist in der Regel irgend so eine Lkw-Fahrerin oder ein Lkw-Fahrer, die glaubten, im Vorbeifahren zu viel Wind machen zu müssen.

Unterwegs auf Schusters Rappen pinkelt der Mann dann deutlich entspannter. Auch wenn sich viele berufen fühlen, als eine Art Hobby-Landschaftsgärtner besonders trocken wirkende Sträucher künstlich bewässern zu müssen. Sind mehrere Männer zusammen unterwegs, widmen sie sich gerne gemeinsam einem solchen „Hilfsprojekt".

Frauen können hingegen ein Lied davon singen, wie oft beim Versuch, im Freien zu urinieren, Kleidungs- und Hautstücke unfreiwillig einen gewissen Sprinklereffekt zu spüren bekamen. Das ist der Moment, in dem sich manch eine Frau für einen Augenblick wünschte, sie sei ein Mann. Hier von einem „minutiösen" oder situationsbedingten Penisneid zu sprechen, wäre sicherlich nicht falsch.

Nachteil der weiblichen Anatomie ist die Tatsache, dass sich die Frau im Normalfall im oberen Teil der unteren Körperhälfte entblößen muss, um kurz zu „püschern". Dabei wird zwangsläufig das Gesäß mit entblößt. Was je nach Jahreszeit eine frostige Erfahrung sein kann – zum Beispiel, wenn frau auf einer Schneeexpedition unterwegs ist, rundum in der weißen Pracht aber kein Gebüsch oder Ähnliches vorhanden ist. Zudem blinzelt der oft weiße Podex auch bei schützendem Gestrüpp immer ein wenig verschmitzt durch die Büsche auf und sorgt für Schmunzler bei Mitreisenden.

Er hingegen weiß sein bestes Stück gegen die Unbill des Wetters bestens geschützt. Er lässt es nur so weit aus dem Hosenschlitz blinzeln, wie eben notwendig, um sich zu erleichtern, ohne dabei das eigene Beinkleid mit einzusauen. Blankziehen ist dem Manne völlig unbekannt – es sei denn, es handelt sich um einen Lustmolch. Aber das ist ein ganz anderes Thema.

Mittlerweile hat die Industrie jedoch den Wunsch der Frau, auch mal entspannt eine Stange Wasser in die Ecke stellen zu können oder im Stehen an einen Baum zu machen, erkannt. Und so gibt es eine Reihe praktischer Pinkelhilfen, die sich von der Bauart sowie der anzuwendenden Technik ähneln. Fast immer handelt es sich um eine Art Trichter mit Schlauch oder simpler Rinne, durch die der Urin abfließen kann.

Nahezu kostenneutral ist beispielsweise die **Urinella**. Die von der Firma Klomoda entwickelte Einweg-Pinkelhilfe lässt sich mit etwas festerem Papier, einer Schere und gegebenenfalls etwas Kleber binnen kürzester Zeit bequem selbst herstellen.

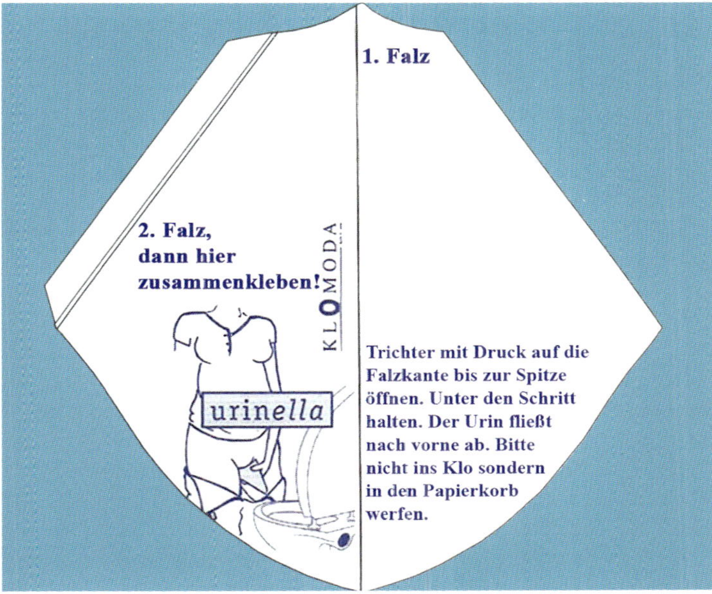

Urinella-Bastelanleitung

Unter 💻 http://archive.is/cBc9w steht eine druckfähige Vorlage zum kostenlosen Download zur Verfügung.

Beim Einsatz der Urinella muss die Kleidung lediglich bis zur Hälfte der Oberschenkel heruntergezogen werden. Dann wird die Einwegurinierhilfe angesetzt und nach dem Gebrauch bequem im Abfall entsorgt. Wer vorsorgen will, schneidet sich gleich einen Vorrat zurecht, der dann bequem in Rucksack oder Hosentasche mitgenommen werden kann. Wichtig: Das Papier sollte nicht allzu dünn sein, sonst bekommt frau schnell mal nasse Hände.

Zum Einmalgebrauch wurde auch die **P-Mate** (erhältlich über 💻 www.trendshop.ch (Schweiz) oder Amazon) konstruiert. Die Pinkelhilfe besteht aus laminiertem Papier, das nach dem Gebrauch einfach im Mülleimer entsorgt wird. Das Papier lässt sich in Sekundenschnelle zu einer Art Trichter falten. Dieser muss lediglich noch unter die Harnröhre gehalten werden. Schon kann es losgehen. Zehner-Packungen sind für € 13 im Handel erhältlich.

Mehr Komfort bietet der **Whiz Freedom Urinableiter**, der ab etwa € 20 im Handel erhältlich ist. Dieser anatomisch geformte, mit 18 Gramm überaus leichte Trichter besteht aus antibakteriellem Kunststoff und kann somit wiederverwendet werden. Einfach nach Gebrauch kurz ausschütteln und in ein Tütchen packen. Zum Reinigen kann der Trichter dann bei 60 Grad Celsius in die Wasch- oder Spülmaschine gesteckt werden.

Ein wenig an einen künstlichen Penis erinnert die Pinkelhilfe **Pibella** (💻 www.pibella.com). Sie ist im Vergleich zum vorgenannten größeren Trichter vermeintlich etwas schwieriger zu handhaben, ist aber dank der kleinen, anatomischen Formgebung sehr praktisch. Sinnvoll ist es, das Ansetzen vor dem möglichen Gebrauch ein paar Mal im stillen Kämmerlein zu probieren. Die Unterhosen muss vorne herunter- oder im Schritt zur Seite geschoben werden, bevor die Dame es laufen lassen kann. Die € 19 teure Pibella Travel wird durch den Hosenschlitz geschoben, sodass das Gesäß nicht entblößt werden muss.

Die Pibella besteht aus hautverträglichem Polypropylen, maschinenfest, spül- und auskochbar bis 135 Grad Celsius und kann ebenfalls in der Spül- oder Waschmaschine gereinigt werden.

Mit diesen Pinkelhilfen kann frau im wahrsten Sinne des Wortes zumindest temporär ihren Mann stehen. Und manch eine Vertreterin des sogenannten zarten Geschlechts soll mit dem Plastikstück in der Hand schon ihre bessere Hälfte mit den Worten „Meiner ist länger als Deiner“ geneckt haben.

Travel-Pibella
(© Pibella)

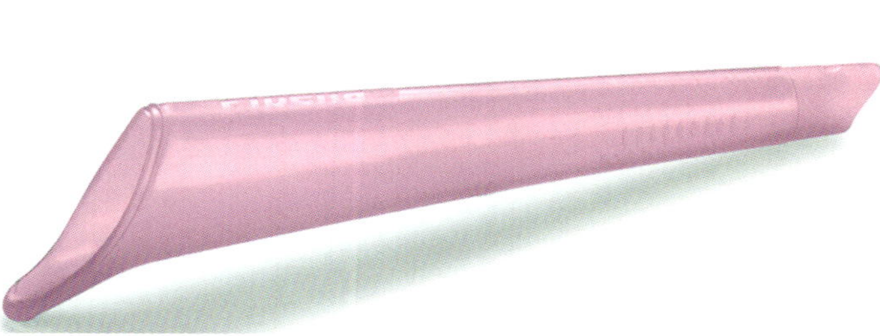

Sowohl der Whiz Freedom Urinableiter als auch die Pibella funktionieren mit etwas Übung auch bei angezogener Hose. Vorausgesetzt, dass diese Beinkleider nicht allzu eng geschnitten sind. Dann könnte es hier und da zu leichten „Andockproblemen" kommen. Doch Übung macht bekanntlich die Meisterin.

Noch müheloser funktioniert das Ganze mit einem Rock. Doch sind nur die wenigsten Angehörigen des zarten Geschlechts, die als Naturfreundinnen in der Regel auf Funktionskleidung fixiert sind, mit einem solchen auf Wanderschaft, im Fahrradsattel oder auf Kanutour unterwegs. Unter Pinkelaspekten wäre der Rock allerdings optimal. Denn auch ohne Verwendung eines Urinableiters ermöglicht dieser, sich zu erleichtern, ohne sich zu entblößen.

Einige Damen tragen an warmen Tagen in der Natur bewusst weite, schlabberige Shorts. Mit einem beherzten Griff in den Stoff des Höschens und in den Slip lässt sich die störende Wolle beiseiteschieben. Mit leicht gespreizten Beinen kann sie dann einfach laufen lassen. Dies kann in der Hocke geschehen oder im Stehen. Was allerdings je nach Stehhöhe und Druck zu heftigen Spritzeffekten führen kann. Ansonsten sieht das Ganze für Unbeteiligte, sofern sie den Strahl nicht erblicken, wohl eher nach Dehnübungen aus.

Ein Problem bei der Anwendung der Hocktechnik ist, dass es bei prall gefüllter Blase schnell mal zu kleineren Überschwemmungen kommt, bei denen die Schuhe mitten im Überflutungsgebiet liegen. Daher ist es immer sinnvoll, sich an leicht abschüssigen Stellen zu erleichtern oder über einer kleinen Kuhle oder einem kleinen Loch. Wer dieses zuvor aushebt, sollte ruhig etwas großzügiger zu Werke gehen. Ein bisschen mehr Erde zu bewegen, ist sicher angenehmer als nasse Füße.

Schwieriger noch ist es, die Laufwege des Urins vorauszuahnen, wenn das Areal von Blättern, Ästen und Ähnlichem bedeckt ist. Nicht selten suchen sich die Pipiströme einen unvorhersehbaren Weg. Hier scheinen runtergelassene Hosenbeine irgendwie anziehend zu wirken. Ein Stoffmagnet, der uringetränkt mitunter auch noch für nasse Gesäßflächen oder Beinteile sorgt.

Dennoch gibt es Hoffnung für alle diejenigen, die sich unterwegs nicht selbst in die Hacken urinieren möchten. Und auch für diejenigen, denen die Hocktechnik die Schlappheit der eigenen Muskeln schmerzhaft vor Augen führt. Dazu bedarf es aber ein wenig vorausschauenden Handelns. Das beginnt damit, dass frau rechtzeitig losstiefelt beziehungsweise in freier Natur den Pfad verlässt, um sich zu erleichtern, und nicht bis zum letzten Moment wartet.

Bei der nun folgenden Inspektion des natürlichen Areals geht es darum, nach Möglichkeit eine Stelle mit zwei dicht beieinander liegenden Felsen oder Holzblöcken zu finden. Gegebenenfalls lassen sich diese auch ein wenig dichter aneinanderschieben oder -rollen. Mit runtergelassener Hose setzt sich die Naturfreundin dann nahe an die Kante des einen Felsens oder Holzklotzes und stellt die Füße auf den zweiten, gegenüberliegenden Felsen oder Holzklotz ab, sodass alles, was frei hängen muss, über der Spalte schwebt. Im Idealfall ist der „Sitzplatz" ein wenig höher gelegen als der Fußabstellplatz, was aber kein Muss ist. So sitzend kann die Naturfreundin nun dem Ruf der Natur völlig entspannt ihren Lauf lassen. Gegen die Kühle und die mögliche Verschmutzung des Steines hilft es, ein paar Blätter Toilettenpapier oder ein Papiertaschentuch unter die Gesäßbacke zu legen.

Bei ansteigendem Gelände genügt sogar ein Stein oder Holzklotz. Die Füße können dann einfach in das Gelände gestemmt werden. Sind keine geeigneten Steine oder Baumstücke zu finden, kann notfalls auch der eigene Rucksack oder der zusammengerollte Schlafsack als Sitzteil herhalten.

Menstruation unterwegs

Welche Frau kennt das nicht? Über den Kalender gebeugt wird geschaut, ob die Menstruation im Urlaub zu erwarten ist. Gerade bei längeren Touren kommt frau meist nicht darum herum, sich auch auf Reisen um das Thema „Menstruation unterwegs" zu kümmern. Wie gut, dass es immer praktischere Menstruationshilfen für Reisende gibt. Denn wer früher aus Vorsicht mit einem riesigen Vorrat an Tampons und Binden sein Gepäck unnötig anwachsen ließ, kann heute auf umweltverträgliche und wiederverwendbare Produkte zurückgreifen.

Zum Glück wird das Thema Menstruation heutzutage zunehmend enttabuisiert und durch das gestiegene Körperbewusstsein wächst das Interesse an Alternativen zu Binden und Tampons. Die Mund-zu-Mund-Propaganda und die sozialen Medien haben dafür gesorgt, dass inzwischen immer mehr Frauen auf Menstruationstassen, Menstruationsschwämme oder wiederverwendbare Slipeinlagen zurückgreifen.

Diese mehrfach verwendbaren Alternativen sind für unterwegs besonders praktisch, da sie Platz und Geld sparen und auch das Thema Entsorgung wegfällt. Schließlich wird die Menstruationshilfe einfach ausgeleert und ausgewaschen und ist dann für den nächsten Einsatz bereit.

Wer schon einmal eine Alpenüberquerung oder eine Trekkingtour in einem Nationalpark gemacht hat, weiß, dass aller Müll, den man produziert, auch wieder mit zurück zum Ausgangspunkt der Tour oder zumindest in den nächsten größeren Ort mit Müllentsorgung transportiert werden muss. Keine schöne Erfahrung, gebrauchte Einmal-Menstruationsprodukte in einer Plastiktüte im Rucksack zu verstauen und mit sich herumzutragen …

Was ist eine Menstruationstasse?

Menstruationstassen oder auch Menstruationskappen bestehen aus besonders weichem medizinischen Silikon. Einige Produkte werden auch aus Gummi oder aus einem thermoplastischen Elastomer hergestellt. Bereits im Jahr 1937 hatte sich die findige Amerikanerin Leona Chalmers ein Patent für ihre Erfindung sichern lassen. Die „Cups" werden, ähnlich wie ein Tampon, in der Vagina platziert und sammeln dort das Menstruationsblut auf. Dabei sind sie sicher und können mehr Blut aufnehmen als Einwegprodukte. Außerdem bilden sich auf dem medizinischen Silikon weniger Keime, sodass die Tasse erst nach 12 Stunden gewechselt werden muss. Dies gibt der Trägerin viel mehr Freiheit und Sicherheit auf Tour. Zum Herausnehmen des Cups kann man eine leicht hockende Haltung einnehmen und diesen mit zwei Fingern („Pinzettengriff") herausziehen. Manche Produkte verfügen über einen kleinen Griff, um das Fassen zu erleichtern.

Menstruationstasse (© Me Luna)

Da das Blut nicht wie von Tampons aufgesaugt wird, sondern ganz natürlich abfließen kann, bleiben die Schleimhäute geschmeidig. Viele Frauen berichten davon, dass dies zu einem angenehmeren Tragegefühl beiträgt.

Auf dem Markt gibt es inzwischen einige verschiedene Anbieter. Manche Firmen stellen nur Einheitsgrößen her, bei anderen kann man zwischen zwei bis drei Größen wählen. Die in Finnland entwickelte Lunette Menstruationskappe (💻 https://de.lunette.com/) hat bei einigen Tests in Schweden und Dänemark besonders gut abgeschnitten und ist für rund € 26 im Handel zu haben. In Deutschland entwickelt und hergestellt ist die Menstruationstasse der Marke Me Luna (💻 www.me-luna.eu), die ab rund € 16 erhältlich ist.

Im Kleingedruckten gibt es eine Warnung, dass es einen verzeichneten Fall von einem Toxischen Schocksyndrom bei einer Trägerin gab. Das Risiko wird als sehr gering eingestuft, trotzdem sollte frau bereits zu Hause und vor Antritt der Reise die Verträglichkeit und nicht zuletzt auch die Anwendung und den Tragekomfort testen.

Menstruationskappe (© Lunette)

Umweltfreundliche Alternativen

Schätzungen lassen vermuten, dass jede Frau im Laufe ihres Lebens rund 12.000 Tampons verwendet. Hierbei schlägt im Hinblick auf den produzierten Abfall bei den meisten Produkten nicht nur der Tampon selbst, sondern auch die Plastik- und Kartonverpackung zu Buche. Dieser großen Menge an Müll steht eine Menstruationstasse mit einer viel besseren Ökobilanz entgegen, kann sie laut Herstellerangaben doch ungefähr zehn Jahre genutzt werden. Es gibt auf dem Markt auch Menstruationsschwämme, die aus Naturmaterial oder Schaumstoff bestehen (z. B. von tom&pat für rund € 18, über 💻 www.amazon.de) und wiederverwendbare Stoffbinden (z. B. aus Biobambus von der Marke Natissy, Set mit sieben Stück für rund € 18, über 💻 www.amazon.de). Der Nachteil bei diesen Produkten ist, dass das Auswaschen und Trocknen länger dauert und auf Reisen nicht besonders praktisch ist.

Kein Bock auf Hock!

Wenn die Frau „für kleine Mädchen muss“, kann das übrigens auch im Stehen und ganz ohne jegliche Hilfsmittel erledigt werden. Heute nehmen Frauen in unserem Kulturkreis ja oft die Position der „schwebenden Hocke“ ein, um zu pieseln. Doch das war nicht immer so und das ist auch nicht überall so! In einigen afrikanischen Kulturen ist es bis heute üblich, dass Frauen im Stehen urinieren und bereits der antike griechische Geschichtsschreiber, Geograf und Völkerkundler Herodot (490/480-ca. 424 v. Chr.) berichtete, dass *„… die Weiber ihren Harn im Stehen lassen und die Männer im Sitzen.“*

Die Technik des Stehpinkelns ist für Frauen durchaus erlernbar. Frau sollte nur keine Berührungsängste haben und aus Gründen des Freiheitsgefühls sowie Gründen der Reisefreundlichkeit mit dem Training des Stehpinkelns so bald wie möglich beginnen – vielleicht der Einfachheit halber zunächst zu Hause und unter der Dusche.

Was Hänschen nicht lernt, lernt Hans vielleicht nimmermehr, aber hier gilt: Was Gretchen trainiert, hat Gretel bald drauf! Jedwede Scheu gilt es abzulegen – frischer Urin ist entgegen weit verbreiteter Meinung durchaus sauber und die sogenannte V-Technik kann frau auf Reisen wirklich eine große Erleichterung verschaffen und so Gelassenheit spenden!

Und so einfach geht es: Zunächst die Hände waschen, den Rock hoch- oder die Hose hinunterschieben und die Unterhose zur Seite halten (entfällt, wenn sie unter der Dusche trainiert – was in der Übungsphase durchaus Sinn macht). Danach gilt es, die Pinkel-Position einzunehmen. Das heißt, die Füße stehen ungefähr schulterbreit auseinander. Dann geht die designierte Stehpinklerin locker in die Knie, kippt ihr Becken leicht nach vorne und lehnt den Oberkörper leicht nach hinten.

Nun bildet die bald Aufrechturinierende mit dem Zeige- und Mittelfinger der rechten Hand ein V. Mit diesem Griff hält die Dame die Schamlippen (auch die kleinen) leicht geöffnet und zieht diese leicht nach oben Richtung Schambein. Wie intensiv hier gezogen werden muss und welche Position des Beckens die optimale ist, damit der Strahl nach vorne gerade weggeht, ist reine Trainingssache.

Der Sache dienlich ist es (vor allem bei den ersten Übungseinheiten), wenn sie gerade wirklich stark muss – dann steht der Strahl unter mehr Druck. Ein leichtes Drücken (aber bitte nicht zu stark) kann ebenfalls die Zielgenauigkeit erhöhen. Wer zögerlich lospieselt, verliert – Tröpfchen und Rinnsale laufen gerne an den Schamlippen und dem Bein entlang nach unten, während entschlossene Strahle gut lenkbar sind. Es ist dann sogar möglich, das Lagerfeuer schwenkulierend auszupieseln!

Wie bei Flugreisen ist es auch beim Stehpinkeln: Die Landung beziehungsweise der Abschluss birgt immer die größten Risiken. Frau kann den Urinstrahl nicht entspannt ausrieseln lassen, wie beim Sitzen auf dem Töpfchen. Hier gilt es: Den Strahl entschlossen und abrupt abbrechen.

Wichtig, liebe Damen, lassen Sie sich nicht entmutigen, wenn es nicht gleich auf Anhieb klappt. Alle männlichen Stehpinkler haben Ihnen schließlich schon einige Jahre an täglichem Training voraus. Und da ist unterm Strich wohl mehr als nur ein Tropfen hier und da mal danebengegangen.

Auch die Ski-Hocke-Haltung über der Kloschüssel kann eine sinnvolle Trainingsetappe auf dem Weg in Richtung „aufrechtes Strullen" sein. Dazu sollte die geneigte Autodidaktin so weit in die Hocke gehen, dass ihre Wade und ihre Oberschenkel einen rechten Winkel bilden. In dieser Position sollte nun versucht werden, den Urin-Strahl mit den Fingern und/oder der Beckenbewegung zu lenken, ihn abrupt zu stoppen oder mit etwas Druck zu versehen. So wird sich das Gefühl für das Wasserlassen immer besser entwickeln. Die Füße sind dabei schulterbreit aufgestellt. Auch das Betrachten der „Quelle" des eigenen Urin-Strahls mit einem Handspiegel hilft beim Verstehen und beim Steuern des Wasserlassens.

Eine andere Vorstufe für das Erlernen der V-Methode ist die *Trichtermethode*. Dazu sollten die Lernwilligen mit einem Taschenmesser den Boden einer Plastikwasserflasche abschneiden. Da die Schnittkante nicht berührt wird, kann diese ruhig rau sein. Als nächstes muss der Deckel der Flasche abgeschraubt werden.

Auch bei der Trichtermethode stehen die Füße ungefähr schulterbreit auseinander, bevor frau locker in die Knie geht, ihr Becken leicht nach vorne kippt und den Oberkörper leicht nach hinten lehnt. Nun gilt es – wie bereits beschrieben – mit dem Zeige- und Mittelfinger der rechten Hand ein V zu bilden. Mit diesem Griff sollten die Schamlippen (auch die kleinen) leicht geöffnet gehalten und leicht nach oben Richtung Schambein gezogen werden.

Nun wird mit der anderen Hand die aufgeschnittene, große Öffnung der Flasche unter den Harnausgang gehalten und entspannt in die Flasche uriniert. Durch den kleineren Ausgang am Flaschenhals lässt sich der Urinstrahl problemlos weit genug von den eigenen Schuhen und über die heruntergelassene Hose hinwegsteuern, während die Frau so Schritt für Schritt lernt, ihren Mann zu stehen.

Pinkelpädagogik

Nicht überall wird es übrigens gerne gesehen, dass sich die Menschen in der Natur erleichtern. Im Distrikt Jhunjhunu im indischen Bundesstaats Rajasthan, wo große Teile der Bevölkerung in Behausungen ohne Toilette leben und sich folgerichtig irgendwo im Freien erleichtern, wird mit ungewöhnlichen Mitteln versucht, die Übeltäterinnen und Übeltäter daran zu hindern: Ein Heer von Freiwilligen ist mit Trommeln und Trillerpfeifen in 34 Dörfern unterwegs, um, sobald sie jemanden in flagranti bei seinem Geschäft hinter der Hecke erwischen, lautstark darauf aufmerksam zu machen.

Zudem sollen, wie die *Times of India* berichtete, die Namen der Ertappten veröffentlicht werden. Womit das, was nur allzu menschlich ist, auf eine Stufe mit kriminellen Handlungen gestellt wird (💻 timesofindia.indiatimes.com).

Ob diese ungewöhnliche Maßnahme die ungeliebten Freiluftaktivitäten der Menschen in Rajasthan tatsächlich unterbindet, darf bezweifelt werden. Auch wenn jedes Dorf zumindest eine öffentliche Toilette einrichten will.

Diesbezüglich sind unsere europäischen Nachbarinnen und Nachbarn in England schon wesentlich weiter. Die Untertaninnen und Untertanen von King Charles III. haben in der Regel fließendes Wasser, Strom und sogar eine eigene Toilette. Gleichwohl kommt es insbesondere im malerischen Chester, das mit seinen Fachwerkhäusern nicht von ungefähr zu den schönsten Städten der Insel zählt, immer wieder vor, dass sich Menschen an den Mauern der historischen Bauten erleichtern. Allein die an vielen Stellen im Stadtgebiet aufgestellten Überwachungskameras filmen täglich gut 30 Menschen, die völlig ungehemmt eine Stange Wasser in die Ecke stellen.

Um mögliche Schäden an den schmucken Gebäuden zu verhindern, hat die Politik in Chester seit Jahren dem Wildpinklen den Kampf angesagt. Neben Geldstrafen in Höhe von umgerechnet € 92 müssen die Übeltäterinnen und Übeltäter den Ort ihrer Hinterlassenschaft im Beisein von Vertretern des Ordnungsamtes in Augenschein nehmen. Was die Tat allerdings nicht ungeschehen macht.

Einigen geht diese Form der Bestrafung daher auch nicht weit genug. Sie fordern, dass die Wildpinklerinnen und Wildpinkler alles aufwischen müssen. Andererseits, was schon beim Aufheben von Hundekot nicht klappt, klappt hier ganz sicher auch nicht. Selbst wenn an verschiedenen Stellen im Stadtgebiet neben den Häufchentüten für Hunde noch ein kostenloses Schrubberset für zweibeinige Tiere aufgehängt würde.

Gemessen an den Schwierigkeiten im Weltall ist das Pinkeln irgendwo in freier Wildbahn auf Erden das reinste Vergnügen. Denn irgendwo zwischen den Galaxien mangelt es an dem, was wir alle für ein halbwegs angenehmes und kontrollierbares Pinkelvergnügen benötigen: an der Schwerkraft. Würde dieser Mangel nicht trickreich umgangen, würden Astronautinnen und Astronauten nicht nur durch das Sternenmeer, sondern auch durch ein Urin-Meer schweben.

Doch in Zeiten der bemannten (und befrauten) Raumfahrt haben Technikerinnen und Teckniker auch hier eine Lösung gefunden. Auf der internationalen Raumstation ISS beispielsweise heißt es wie beim Auto: „Erst gurten, dann spurten". Dann kommt eine Absaugvorrichtung zum Einsatz, die Festes und Flüssiges automatisch trennt.

Dabei gilt im Weltall, was auch in freier Natur – wie bereits beschrieben – immer mehr zum Trend wird: Die Mitnahmementalität. Denn Urin und Kot werden nicht einfach in die Weiten des Universums gestreut. Der Urin wird an Bord wiederaufbereitet, um Wasser zu gewinnen, während die Feststoffe gepresst und später nach der Rückkehr auf die Erde entsorgt werden.

Synchron urinieren

Eigentlich heißt es ja, es gäbe keine dummen Fragen. Doch da wurden wir mal wieder eines Besseren belehrt. Im Auftrage eines Toilettenpapierherstellers, dessen Name nach einem eiligen Geschäft klingt und als Synonym für Taschentücher gilt, wurde im Rahmen einer Studie mit mehr als 2.500 Teilnehmerinnen der Frage nachgegangen, mit welchen Promis deutsche Frauen am liebsten aufs Klo gehen würden?

Spontan würde manch einer sagen: „Mit keinem!“ Denn es gibt Augenblicke im Leben, da möchten wir alle ungestört sein. Aber wahrscheinlich ist dieser Denkansatz einfach zu männlich und der Grund dafür, dass auch nur Frauen befragt wurden. Schließlich kennen die Herren der Schöpfung als genaue Beobachter aus Kneipen und Diskotheken das Phänomen des kollektiven Toilettenbesuches der Damen. Warum die holden Schönheiten gemeinsam dahin stapfen, wohin der Kaiser zu Fuß geht, entzieht sich jedoch dem Vorstellungsvermögen eines Mannes.

Haben die meisten Frauen derart kompliziert verschnürte Korsagen oder enge Dessous an, dass sie diese nicht ohne fremde Hilfe allein ablegen können, um sich zu erleichtern? Oder steht hier das Müssenmüssen gar nicht im Vordergrund, sondern der Austausch streng geheimer Informationen? Aber ob dafür das stille Örtchen die richtige Stelle ist, scheint zweifelhaft.

Fakt ist, 26 Prozent der Damen würden gerne mal zum Synchron-Urinieren mit **Anke Engelke** antreten, was wie die Show der Entertainerin vielleicht ein echter Ladykracher werden könnte. 19 Prozent würden hingegen lieber mit **Daniela Katzenberger** einen Parallel-Schüsseldienst verrichten. Vermutlich um zu erfragen, ob frau noch etwas anderes außer einer stattlichen Oberweite und aufgespritzten Lippen benötigt, um in den Status eines B-Promis aufzusteigen. Platz 3 der Wunschklopartnerinnen eroberte eine ältere, leider inzwischen verstorbene Dame mit Stil und Haltung, die ob dieser Vorstellung not amused gewesen wäre: **Queen Elizabeth II.** Was vielleicht daran liegen mag, dass manch eine Frau sich ebenfalls königlich fühlen würde, wenn die britische Monarchin tatsächlich auf der Keramikschüssel nebenan thronen würde.

Wassertechnik

Wer mit einem Boot über das Meer paddelt, muss, wenn es plötzlich in der Blasen- oder Darmgegend drückt, andere Techniken anwenden als an Land. Üblicherweise wird versucht, sich im Hocken in eine Dose oder kleinen Eimer zu erleichtern. Anschließend wird das Behältnis ins Wasser gekippt und ausgespült, bevor die Paddeltour fortgesetzt wird. Wobei das Hocken über einer Büchse oder einem Plastikbehälter und das zielgenaue Treffen durchaus einiges an Geschick verlangen. Insbesondere, wenn es auch noch Wellengang gibt, man im Kajak alleine unterwegs ist und entsprechend versuchen muss, die Balance zu halten. Im Zweierkajak ist dies sicher leichter. Dafür fällt es wohl ungleich schwerer, sich mit der Partnerin oder dem Partner als Augen- und Ohrenzeugin bzw. -zeuge an Bord zu erleichtern.

Je nach Luft- und Wassertemperatur – und immer vorausgesetzt, dass eine Einstiegshilfe vorhanden ist – kann man auch kurz ins Wasser hüpfen, um sich direkt in der See zu erleichtern. Wobei das Urinieren sicher weniger schwer fällt, als das große Geschäft zu erledigen. Vor dem Sprung ins Wasser sollte man sich zudem versichern, dass dort keine gefährlichen Fische unterwegs sind, keine Riffe schlummern und es keine gefährlichen Strömungen gibt, die einen eventuell vom Boot wegtreiben lassen.

Wichtig ist zudem, dass man sich nicht zu nahe am Ufer erleichtert, damit es nicht am Strand plötzlich ein Wiedersehen mit den „alten Bekannten" gibt, die mit der Strömung angespült werden könnten.

Da die meisten Paddlerinnen und Paddler entlang der Küstenlinie oder zwischen Inseln unterwegs sind, empfiehlt es sich jedoch, wenn immer möglich, kurz anzulegen. Dort sollte – wie auf Seite 41 ⊾ beschrieben – in mindestens 50 Metern Entfernung vom Wasser ein kleines Loch gebuddelt werden.

Montezumas Rache

Wer auf Schusters Rappen über Stock und Stein oder sonst irgendwie in der Natur unterwegs ist, verfügt nicht immer über eine völlig intakte Verdauung. Insbesondere in den wärmeren Gefilden Afrikas, Asiens, Mittel- und Südamerikas laufen (nicht nur) Naturfreundinnen und Naturfreunde Gefahr, von **Montezumas Rache** ereilt zu werden. Ohne geeignete Toilette in der Nähe ist eine solche Durchfallerkrankung gleich doppelt übel. Das Rumpeln und Pumpeln in Magen und Darm will nicht enden, dazu kein Ort, um sich in Ruhe mit den Beschwerden zurückzuziehen.

Aus eigener leidvoller Erfahrung kann einer der beiden Autoren dieses Ratgebers ein Lied davon singen. Inmitten der weiten Heidelandschaft der schottischen Highlands ereilte den Autor „Allahs Fluch". Allein, zwischen all den grasenden Schafen und der blühenden Erika fand sich kein Strauch, kein Stein, kein Nichts, was auch nur ein wenig Sichtschutz bieten konnte. Irgendwann wurde das Grummeln im Darm unerträglich. Also gab es einen Notstopp, bei dem in Sekundenschnelle die Hose heruntergerissen wurde, bevor es kein Halten mehr gab. Doof war nur, dass just 20 Meter entfernt eine der wenigen schmalen Straßen durch das Hochland verlief. Und es kam natürlich wie es kommen musste. Wo für gewöhnlich tagelang kein Auto verkehrt, tauchte schon einen Moment später ein vollbesetzter Minibus auf. Müßig zu erwähnen, dass die grölenden Fahrgäste und der hupende Fahrer für einen Moment nicht nur ihren Spaß an der landschaftlichen Schönheit hatten.

Als **Reisediarrhö** tritt Montezumas Rache, wie die Infektionskrankheit des Darmes bezeichnet wird, für gewöhnlich vor allem in den Tropen und Subtropen verstärkt auf. Was für den Autor in diesem Moment wenig Trost bedeutete.

Verursacht wird der **Reisedurchfall** durch Toxine verschiedener Bakterien, die in den gemäßigten Zonen in dieser Form normalerweise nicht vorkommen und die Darmflora aus dem Gleichgewicht bringen. Wobei viele dieser Bakterien mit verunreinigtem Wasser aufgenommen werden.

Auch Erkrankungen wie Hepatitis oder Typhus können durch unsauberes Trinkwasser übertragen werden. In erster Linie sind es Bakterien wie Enterotoxin bildende Escherichia coli, Shigellen, Salmonellen und Campylo-bacter, die Trinkwasser in gesundheitsgefährdende Lebensmittel verwandeln können.

Um durch Wasser verursachte Infektionen zu vermeiden, gilt in den genannten Gefilden der englische Merksatz *„cook it, peel it or leave it"* – *„koche es, schäle es oder lass die Finger davon"*. Mit anderen Worten, Getränke sollten nur aus original verschlossenen Dosen und Flaschen getrunken werden, wobei idealerweise ein verpackter Strohhalm genutzt wird.

Wasser – auch zum Zähneputzen – sollte auf jeden Fall abgekocht oder gefiltert werden. Auf Eiswürfel sollte unbedingt verzichtet werden. Lebensmittel sollten vor dem Verzehr entweder geschält oder gekocht werden. Rohe Speisen – auch Salat und Obst –, von denen man nicht weiß, wie diese gereinigt wurden, sollten unbedingt gemieden werden. Kaum minder wichtig ist gründliches Händewaschen mit Seife.

Wer diese simplen Regeln nicht befolgt, läuft Gefahr, eine akute Reisediarrhö zu erleiden. Die Inkubationszeit beträgt in der Regel nur wenige Stunden, manchmal wenige Tage, was bedeutet, dass die Mehrzahl der Reisenden innerhalb der ersten vier Tage der Reise „voll erwischt" werden. Häufig werden die heftigen Durchfälle noch von Übelkeit und Erbrechen begleitet.

Eine akute Reisediarrhö wird von heftigen Durchfällen mit mehr als drei, meist wässerigen Stuhlentleerungen pro Tag begleitet. Wobei bei jeder oder jedem Zehnten sogar Blut im Stuhl zu finden ist. In Einzelfällen sind die Auswirkungen so heftig, dass ein Krankenhausaufenthalt notwendig werden kann. Jede bzw. jeder Fünfte wird im Zuge der akuten Reisediarrhö bettlägerig, während die breite Masse nur leicht erkrankt, aber immer eine Toilette in Greifweite wissen mag.

Bei Durchfallerkrankungen sind die allgemeinen Beschwerden durch die Verluste von Wasser und Salzen (Elektrolyten) bedingt: Alle Organe sind betroffen! Kraftlosigkeit und Niedergeschlagenheit bessern sich im Normalfall rasch, wenn man ausreichend trinkt. Weit verbreitet ist bei Durchfallerkrankungen die Verwendung von **Imodium** (💻 www.imodium.de).

Alternativ kann zu **Tannacomp** (💻 www.tannacomp.de) gegriffen werden.

Wer keine Hilfsmittel zur Verfügung hat, kann sich selbst schnell eine Lösung herstellen. Dazu sollte man 1 Liter abgekochtes Wasser mit 5 Esslöffeln Zucker, 1,5 gestrichenen Esslöffeln Kochsalz und Glas Orangensaft mischen. Die Lösung darf nie salziger schmecken als Tränen.

Hilfreich ist alternativ, 1 Teelöffel Kochsalz, 1 Teelöffel Backpulver, 1,5 Gramm Kaliumchlorid (= 3 Tabletten), 4 Teelöffel Traubenzucker oder 8 Teelöffel normalen Zucker mit 1 Liter Wasser zu verrühren und zu trinken.

Auch sonst können Leidgeprüfte einiges selbst tun, um ihr Wohlbefinden schnellstmöglich zu verbessern. Ganz wichtig ist in erster Linie viel zu trinken, um den enormen Flüssigkeitsverlust auszugleichen. Am besten sind dabei Melissen-, Hagebutten- oder schwarzer Tee, ungesüßte Früchtetees, stilles Mineralwasser. Hilfreich sind zudem kleine Portionen Reisschleim. Wobei dieser mit Wasser und ein wenig Salz, keinesfalls aber mit Milch, angerührt werden sollte. Zweimal täglich eine pürierte Banane zu sich zu nehmen, ist ebenso sinnvoll wie der Verzehr von geriebenen Äpfeln, die dann an der Luft leicht bräunlich geworden sind. Nicht zu unterschätzen ist zudem Wärme als Faktor. Eine Wärmflasche auf dem Bauch kann Wunder wirken.

Falsch ist die Mär, dass Salzstangen und Cola oft ein probates Mittel seien, um die Auswirkungen des Durchfalls einzugrenzen. Denn Cola weist einen enormen Zuckergehalt auf, der wiederum dafür sorgt, dass sich die Wasserausscheidung durch den Darm erhöht. Außerdem regt das enthaltene Koffein die Nieren an, was einen weiteren Flüssigkeitsverlust nach sich zieht. Das Salz der Salzstangen ist normales Kochsalz und als solches nicht geeignet, den Mineralverlust durch den Durchfall auszugleichen.

Im Mittel zwischen drei bis fünf Tagen dauert der Spuk. Hält die Infektionskrankheit länger als eine Woche an, spricht man von einer chronischen Reisediarrhö, die sich bis zu vier Wochen hinstrecken kann. Der am häufigsten nachgewiesene Erreger hier ist *Giardia lamblia* (☞ Seite 40).

Das oberste Gebot auf Reisen ist daher die Vorsorge vor derartigen Infektionskrankheiten. Hygiene, bewusstes Essen und Vermeidung von unreinem Wasser sollten eine Selbstverständlichkeit sein.

Wer beim Aufenthalt in freier Natur dennoch von Montezumas Rache heimgesucht wird, sollte – sofern das akute Bedürfnis es noch zulässt – bei der Wahl des geeigneten Ortes die Kriterien anwenden, die hier bereits genannt wurden: Weg von Gewässern und Wegen, möglichst weit oberhalb der Wasser- und Hochwasserlinie.

Im Idealfall sind Betroffene nicht alleine unterwegs, sondern haben eine gesunde Begleitperson, die Toilettenpapier, Waschwasser und Ersatzklamotten bereithält. Um die Bakterien nicht weiter zu verbreiten, ist hier Hygiene besonders wichtig. Da es in freier Natur häufig an Wasserkran und Waschwasser mangelt, lässt sich das Problem mit ein paar einfachen Handgriffen bequem lösen: Einfach eine leere, gut gereinigte Konservendose nehmen, mit dem Messer ein Loch in den Dosenboden bohren und zwei Löcher an den oberen Rand.

Durch die Löcher am oberen Rand sollte dann ein Band zum Aufhängen der Dose an einem Ast gebohrt werden. Je größer das Loch im Dosenboden, umso größer die Fließgeschwindigkeit. Wer kein Band zur Hand hat, kann die Dose auch in eine Astgabel platzieren. Notfalls kann eine weitere Person diese auch festhalten, damit sich die oder der Betroffene nach dem Durchfall gründlich die Hände waschen kann. Wichtig auch hier: Das benutzte Wasser muss vorher abgekocht und/oder gefiltert sein.

Dazu schreibt Autorin Gudrun Heyn in ihrem Beitrag „*Trinkwasserdesinfektion für unterwegs*" in der Pharmazeutischen Zeitung (💻 www.pharmazeutische-zeitung.de): „*Selbst unter einfachen Bedingungen können Reisende Wasser in der Regel wieder genießbar machen. Mit der Aufbereitung sollen primär die im Wasser vorhandenen Krankheitserreger unschädlich gemacht oder entfernt werden. Aber auch organische und anorganische Schadstoffe lassen sich mithilfe von Filtration zum Teil eliminieren. Da Trüb- und Schwebstoffe die zur Desinfektion eingesetzten Chemikalien adsorbieren und so deren antibakterielle Wirkung verhindern können, ist klares Wasser die Grundvoraussetzung einer erfolgreichen chemischen Desinfektion. Ist das Wasser trüb, sollte zu Beginn der Aufbereitung daher die Filtration stehen. Zur Entfernung von Schweb- und Trübstoffen sind alle in Outdoor-Geschäften erhältlichen Filter geeignet.*"

Die Auswahl an Filtern und Filtersystemen ist groß. Empfehlenswert sind **Keramikfilter**, die mittels ihrer Poren Fremdstoffe aus dem Wasser entfernen. Je kleiner die Porengröße, desto effektiver wird das Wasser dabei gefiltert. Weil die Poren winzig klein sind, passen die Würmer, Bakterien und sonstige böse Burschen nicht durch den Filter. Zudem sind die Keramikfilter oft mit Silber imprägniert. Dadurch werden Bakterien inaktiv und ihre Vermehrung unterbunden. Allerdings sind die Keramikfilter nicht ganz preiswert, sie beginnen bei etwa € 250 (💻 www.globetrotter.de). Dafür lassen sich die Keramikfiltersysteme nach gründlicher Reinigung wiederverwenden.

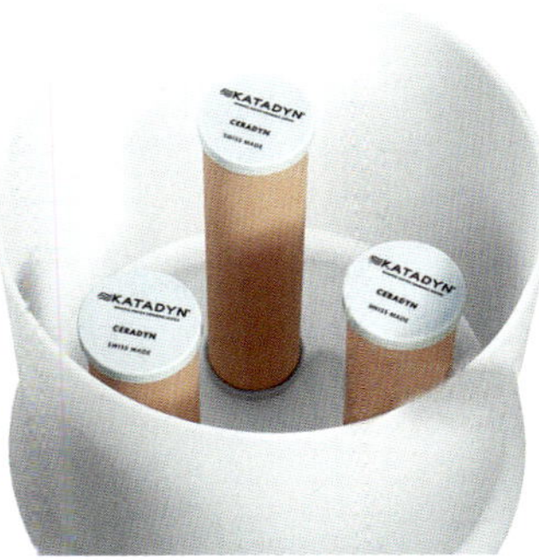

Keramikfilter

Deutlich preiswerter, aber auch von kürzerer Lebensdauer sind **Glasfaserfilter**. Reisende sollten daher immer Ersatzfilter mit sich führen. **Aktivkohlefilter** sind die richtige Wahl, wenn organische Substanzen aus dem Wasser entfernt werden sollen. Das bedeutet, dass sie chemische Verunreinigungen wie Geschmacksstoffe, Herbizide, Pestizide, Fungizide an der Oberfläche anlagern. Sobald ihre Adsorptionskapazität nachlässt, muss jedoch auch bei ihnen das Filtermaterial ausgetauscht werden.

Wasserfilter mit Glasfaser-Matrix und Aktivkohlegranulat

Daneben gibt es handliche Filter, die sich Mischformen verschiedener Systeme bedienen. So etwa der **MSR Mini Works EX Wasserfilter** (💻 cascadedesigns.com), der neben einem Keramikelement einen Aktivkohlekern besitzt. Erhältlich ist der knapp 450 Gramm schwere und gut zu transportierende Filter ab € 110 im Outdoor-Handel. Zur Apparatur gehört ein Überdruckventil, das angibt, wann der Filter gereinigt werden muss. Mit dem System mit einer Durchflussgröße von 0,0002 mm kann 1 Liter Wasser pro Minute gefiltert werden.

MSR Mini Works EX Wasserfilter

Nur etwa halb so schwer ist der **Katadyn MyBottle Purifier** (💻 www.katadyn.com) mit einem Leergewicht von 260 Gramm. Dahinter verbirgt sich eine praktische Trinkflasche mit eingebautem Glasfaser-Vorfilter mit einer Porengröße von 0,3 Mikron. Das Wasser wird hier mit einer Geschwindigkeit von 0,2 Liter pro Minute durch 3 verschiedene Filter gepumpt. Dazu gehören auch ein Glasfaserfilter mit Tiefenfiltration und ein Aktivkohlefilter. Erhältlich ist das Ganze ab € 50. Allerdings können maximal 100 Liter gefiltert werden. Die dann notwendigen Ersatzelemente schlagen mit Kosten ab circa € 42 zu Buche.

Katadyn Camp

Für etwa € 100 ist das Filtersystem Katadyn Camp erhältlich (💻 www.katadyn.com). Mit einer Porengröße von 0,2 Mikron und einer Leistung von 5 Litern pro Stunde ist das Modell zwar eher langsam, dafür aber überaus sicher und verhältnismäßig preiswert. Eingebaut ist hier eine Keramikkerze mit Silber.

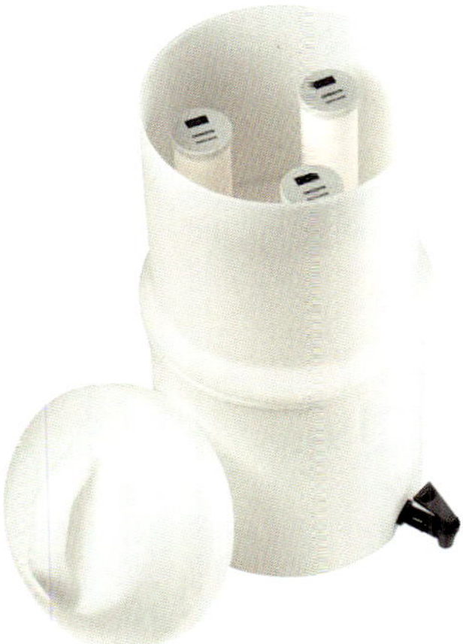

Katadyn Tropffilter

Gleich über drei eingebaute Keramikfilterkerzen mit eingelagertem Silber verfügt der **Tropffilter** von Katadyn (💻 www.katadyn.com). Mit seiner Durchflussgröße von 0,0002 mm filtert er bis zu 9 Liter Wasser pro Stunde. Geeignet ist der etwa 65 Zentimeter große, 3,5 Kilogramm schwere und € 240 teure Filter vor allem für Camps ohne Wasserleitung.

Der Klassiker unter den Wasserfiltern ist wohl der gut 550 Gramm schwere **Katadyn Pocket** (💻 www.katadyn.com). Der robuste Wasserfilter, der pro Minute etwa 1 Liter Wasser filtert, eignet sich für jahrelangen Dauereinsatz. Das silberimprägnierte Keramik-Filterelement mit einer Porengröße von 0,2 Mikron wirkt zuverlässig gegen Bakterien und Protozoen. (☞ Foto Seite 76)

Generell gilt: Je kleiner die Poren, umso effektiver der Filter. Porengrößen von 0,003 mm oder 3 Mikron eignen sich als Schutz vor Lambliasis; Porengrößen von 0,0002 mm oder 0,2 Mikron eliminieren gar sämtliche bekannte Bakterien.

Katadyn Pocket

Ist das Wasser mithilfe eines Filters geklärt, sollte es mit Desinfektionsmitteln behandelt werden. Weltweit bevorzugt werden die **Halogene** (= Salzbildner) Chlor und Jod, wobei Letzteres in der EU als Zusatzstoff für die Aufbereitung von Wasser zum menschlichen Gebrauch nicht zulässig ist. Die genannten Halogene haben eine stark oxidierende Wirkung und zerstören schnell die Zellstrukturen von Mikroorganismen.

Wenn Wasser dagegen über längere Zeit keimfrei gehalten werden soll, ist Silber Mittel der Wahl. Es wirkt sehr viel langsamer bakterizid als die Halogene und ist daher als alleiniges Desinfektionsmittel auf Reisen nicht empfehlenswert. Aufgrund seiner Langzeitwirkung wird es jedoch gerne in Kombination mit anderen Substanzen eingesetzt. Der Outdoor-Handel hält verschiedene Aufbereitungsmittel für Wasser zu Preisen ab etwa € 10 bereit.

Halogene töten zwar Bakterien und Viren ab, sind aber gegen parasitische Organismen weitgehend wirkungslos. Zudem verfehlen Halogene ihre Wirkung, wenn die Dosierung nicht exakt eingehalten wird. Daher sollte das chemisch gereinigte Wasser anschließend unbedingt noch mit einem Filter aufbereitet werden.

Unabhängig davon sollte der Gebrauch der Halogene wohl dosiert sein. Verleihen sie dem Wasser doch eine pikante Chemie-Note. Sinnvoll ist es daher, weniger Halogene zu nutzen, diesen aber eine längere Reaktionszeit zu erlauben.

Überaus behutsam sollte zudem der Einsatz von Jod erfolgen, der ja ohnehin – wie bereits erwähnt – in der EU nicht statthaft ist. Ein absolutes Tabu ist Jod für Schwangere und für Menschen mit einer Überempfindlichkeit gegen das Halogen. Gleiches gilt bei Schilddrüsenkrankheiten. Hier sollte vor der Verwendung unbedingt ein Arzt konsultiert werden.

Zu den gängigen chemischen Präparaten zur Wasseraufbereitung, die allesamt im Outdoor-Handel (u. a. unter 💻 www.outdoortrends.de) erhältlich sind, gehört beispielsweise der **Aquaventure Wasserentkeimer** von McNett. Das Set besteht aus 60 Milliliter einer 2-prozentigen, wasserstabilisierten Chlordioxidlösung und genügt, um 120 Liter Wasser aus Flüssen, Seen oder Bächen zu entkeimen. Es ist ab etwa € 19 erhältlich. Aquaventure wirkt gegen Bakterien, Protozonen, Cryptosporidium, Giardia, Viren sowie organische Chemikalien.

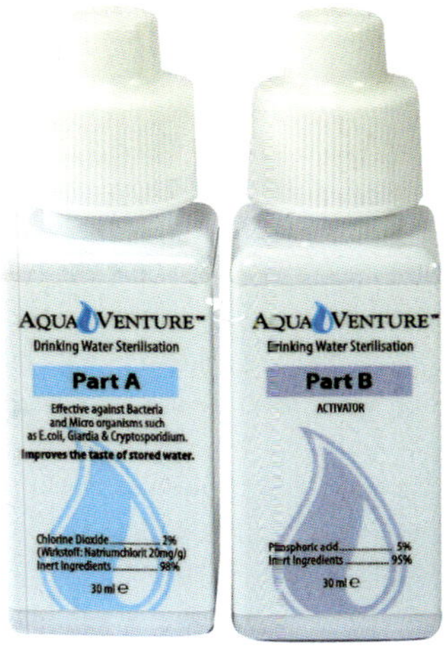

Aquaventure Wasserentkeimer

Ohne Chlorzusatz macht **Romin** klares Trinkwasser mithilfe von Silberionen haltbar und schützt bis zu sechs Monate vor der Wiederverkeimung. Erhältlich ist das Mittel in 50-Milliliter-Einheiten ab € 4,50. Eine Packung reicht für etwa 500 Liter Wasser. Allerdings ist zu beachten, dass Romin eine Einwirkzeit von mindestens zwei Stunden benötigt.

Zur Wasserentkeimung von klarem Wasser kann auch **Katadyn Micropur Forte 100F** eingesetzt werden. Silberionen schützen bis zu sechs Monate wirksam vor Wiederverkeimung. Bei trübem Wasser sollte das Ganze allerdings in Kombination mit einem Filter genutzt werden. Die 10-Milliliter-Packung reicht für rund 1.000 Liter Wasser und ist ab € 14,95 erhältlich. Das Mittel gibt es auch als Pulver oder in Tablettenform.

Angeboten wird darüber hinaus ein **Filter-Trinkhalm** der Marke BCB. Dieser enthält einen Kohlefilter und verwendet zusätzlich Chemikalien wie Jod. Mit rund € 15 ist der 20 Zentimeter lange und gerade einmal 25 Gramm schwere Trinkhalm nicht gerade preiswert, zumal mit ihm maximal 40 Liter Wasser aufbereitet werden können.

Wirksam gegen Bakterien und Viren ist alternativ eine gezielte UV-Bestrahlung des Wassers. Was allerdings sehr zeitaufwendig ist. Mehrere Stunden lang sollte das Wasser dabei in einer ungefärbten PET-Flasche dem Sonnenlicht ausgesetzt werden. Gleichwohl sollte das Wasser anschließend noch gefiltert werden. Denn es werden durch die UV-Bestrahlung weder Trübstoffe, Schwermetalle noch Pestizide beseitigt.

Das älteste Verfahren zur Gewinnung von keimfreiem Wasser ist das Abkochen. Mindestens eine Minute lang sollten Reisende es kochen lassen. Wegen des geringeren Luftdrucks und des niedrigeren Siedepunkts sollte Wasser in einer Höhenlage von mehr als 2.000 Metern über Normalnull mindestens drei Minuten kochen. Nach dem Abkochen sollte das Wasser möglichst in den Gefäßen abkühlen können, in denen es abgekocht wurde. Hauptproblem beim Abkochen des Wassers ist, dass es bei längeren Touren an genügend Brennstoff mangelt. Es sei denn, man erhitzt das Wasser über einem Lagerfeuer mit zuvor gesammeltem Holz. Nachteil ist zudem, dass das abgekochte Wasser meist relativ fade schmeckt.

Wenn alle Stricke reißen, kann man sich mit wenigen Handgriffen selbst ein einfaches Trinkwasserfiltersystem mit einem groben Partikelfilter bauen. Dazu sollte in einen sauberen Strumpf etwas Sand, Kies, eine Lage Papiertaschentücher oder Toilettenpapier gegeben werden. Danach kann dann Wasser dort durchlaufen. Diese Methode hilft, Schwebstoffe aus dem Wasser zu isolieren. Sie ist aber nicht geeignet, um etwaige Krankheitserreger herauszufiltern.

Praktische Merkblätter zu Hygiene, Trinkwasser und Durchfallerkrankungen hält das Auswärtige Amt (www.auswaertiges-amt.de) kostenfrei im Internet unter dem Menüpunkt „Reise & Sicherheit" zum Download bereit. Empfehlenswert sind vor allem folgende Downloads:

www.auswaertiges-amt.de/de/ReiseUndSicherheit/reise-gesundheit/03-vorsorge#content_1

Wer durch Nordamerika und Europa, insbesondere durch den Norden und Westen des Kontinents, reist, kann relativ entspannt unterwegs sein. Man braucht bei seinen Outdoor-Abenteuern in der Regel nicht mehr als einen einfachen mechanischen Filter gegen Mikroorganismen und Bakterien.

Generell gilt: Kein Filter gibt 100-prozentigen Schutz. Doch es gibt viele gute Filtersysteme, mit denen sich Durchfallerkrankungen (fast) komplett ausschließen lassen. Die Wahl des Filtersystems hängt sicher davon ab, welches Land das Reiseziel ist. Schon der eigenen Sicherheit wegen sollte man hier nicht am falschen Ende sparen. Was nicht heißt, dass die teuersten auch die besten Systeme sind. Wichtig ist, die Systeme vor der Abreise, am besten sogar beim Kauf, auszuprobieren, um mit der Handhabung vertraut zu sein.

Bei allen Filtern ist es notwendig, das Gehäuse regelmäßig nach Rissen oder Beschädigungen zu untersuchen. Denn schon der kleinste Sprung kann dazu führen, dass Verunreinigungen entstehen und Bakterien Schlupflöcher finden.

AKS

Wer unterwegs in der Natur ist, läuft nicht nur Gefahr, Opfer von Montezumas Rache zu werden. Mitunter stellt sich auch das genaue Gegenteil ein: Die Orts- und Luftveränderung in Kombination mit viel Bewegung in freier Natur und eine vom normalen Speiseplan abweichende Ernährung können dazu führen, dass manche über Tage kein große Geschäft verrichten können. Die Autoren nennen dieses Phänomen untereinander kurz AKS – was so viel bedeutet wie „automatische Kot-Sperre". Gemeint ist der Zustand, der sich besonders an den ersten Reisetagen einstellt, wenn der normale Toilettenrhythmus nicht mehr eingehalten werden kann.

Hier und da ist dieses Phänomen zunächst nicht unangenehm, sondern überaus willkommen. Vor allem dann, wenn die Toiletten am Reiseziel eher an eine siffige Kloake erinnern. Oder dann, wenn man auf Schusters Rappen unterwegs ist und sich partout keine geeignete Stelle findet. Nach einem Tag allerdings kann dieser Zustand zu einem quälenden Füllegefühl in der Magen- und Darmgegend führen.

Für eine optimale Verdauung braucht der Mensch Wasser, Milchsäurebakterien, Vitamine, Spurenelemente, Ballaststoffe, Kohlenhydrate und Mineralstoffe. Wenn die Balance im Darm gestört wird, kommt es entweder zum Durchfall oder zur Verstopfung. Beides kann gleich unangenehm und quälend sein.

Um die Verstopfung zu lösen, gibt es eine Reihe von praktischen Tipps. Die Autoren, die sonst vorzugsweise Mineralwasser und Tee trinken, schwören in solchen Fällen auf ein paar Gläser Apfelsaft. Was bei uns wirkt, muss aber nicht bei jedem funktionieren. Hilfreich ist, obschon dies insbesondere auf Reisen schwieriger zu bekommen ist, ein Glas Sauerkrautsaft. Auch ein paar Gabeln rohes Sauerkraut haben schnell einen erstaunlichen Effekt. Alternativ kann man sein Glück auch damit probieren, morgens und abends ein Pinnchen oder einen Esslöffel Olivenöl zu sich zu nehmen.

Weitere flüssige, wenn auch bedingt schmackhafte Wundermittel sind direkt morgens auf nüchternen Magen ein Gläschen Apfelessig, das mit der gleichen Menge Wasser verdünnt wird, oder ein paar Gewürznelken, die mit heißem Wasser übergossen werden und rund zehn Minuten ziehen, bevor die Flüssigkeit (ohne die Gewürznelken) „genossen" werden kann.

Der Verdauung förderlich ist außerdem Leinsamen. Ein Esslöffel voll sollte in etwa einem Viertelliter lauwarmem Wasser über Nacht aufquellen. Das Wasser kann dann am nächsten Morgen getrunken und die aufgequollenen Leinsamen gegessen werden. Wichtig ist, danach viel zu trinken, da die Masse im Magen und Darm ebenfalls aufquellen kann.

Ein weiteres beliebtes Hausmittel gegen Verstopfungen ist das Einweichen von fünf bis sechs getrockneten Feigen oder von einem halben Dutzend Dörrpflaumen in einem Liter lauwarmem Wasser. Das Ganze sollte über Nacht stehen gelassen werden. Morgens sollten dann die Flüssigkeit getrunken und das Obst gegessen werden.

Auf den Einsatz von Abführmitteln kann also in der Regel getrost verzichtet werden. Stattdessen sollte lieber, soweit unterwegs vorhanden, zwei- bis dreimal am Tag eine Wärmflasche auf den Bauch gelegt werden. Sinnvoll ist zudem, sich mehrmals am Tag auf den Rücken zu legen und mit beiden Händen sanft den Bauch zu massieren.

Seilchenspringen kann ebenfalls die Verstopfungen „lösen". Wer kein Springseil zur Hand hat, kann auch zwischendurch immer mal wieder ein Stück wie ein Känguru durch die Landschaft hüpfen – oder rauf und runter auf einen fünf bis zehn Zentimeter hohen Stein.

Ein absolutes Tabu sind bei Verstopfungen süße Speisen, Schokolade und Bananen, die allesamt dazu beitragen können, den Zustand weiter zu verschlimmern.

Um einer Verstopfung vorzubeugen, ist neben einer ballaststoffreichen Ernährung ausreichend Bewegung wichtig. Was bei Outdoor-Touren ja eigentlich gegeben ist. Wichtig ist, ausreichend zu trinken. Vor allem Mineralwasser, ungesüßte Früchte- oder Kräutertees sowie ungesüßte Säfte. Außerdem sollte bei Outdoor-Touren genügend Zeit zum Entspannen eingeplant sein. Auf keinen Fall sollte der Toilettendrang unterdrückt werden – und auch oder gerade in der Natur sollte sich für das große Geschäft genügend Zeit gelassen werden.

Statt eines Schlusswortes: Klogeschichten

Nördlich des Polarkreises gehört das Bekunden einer heißen Liebe neuerdings zum guten Stil. Zumindest bei den Herren der Schöpfung. Auf der Männertoilette des Flughafens im norwegischen **Bardufoss** (💻 https://avinor.no/en/airport/bardufoss-airport/), der sich gerne als Eingangstor zur Insel Senja, der zweitgrößten Insel des skandinavischen Königreichs, bezeichnet, finden sich mehr und mehr Schlösser als Liebesbeweis an Abflussrohren der Urinale. Wann dieses Phänomen angefangen hat, vermag niemand zu sagen. Ähnlich wie an der Hohenzollernbrücke in Köln sind in die Schlösser die Initialen oder Vornamen der Liebenden eingraviert, häufig auch das Datum des Kennenlernens oder des Hochzeitstages.

All diese Schlösser sollen eine ewige Verbundenheit unter den jeweiligen Pärchen symbolisieren. Vielleicht liegt ein zusätzlicher Reiz auch darin, dass dem Anbringen der Schlösser eigentlich etwas Unerlaubtes, ja, etwas Illegales anhaftet.

Doch die Frage nach der Rechtslage interessiert am Flughafen des 2.500-Seelen-Nestes kaum jemanden. Zumindest solange die Schlösser kein Verletzungsrisiko darstellen. Warum für die Liebesbekundung allerdings ein so charmantes Örtchen wie das stille Örtchen gewählt wurde, bleibt ein Rätsel. Vielleicht soll es auch symbolisieren, dass bei dem jeweiligen Pärchen alles im Fluss ist. Und wenn eine Beziehung den Bach runtergeht, ist das Schloss ja immer noch an der richtigen Stelle.

Einen eiskalten Schauer lässt derweil, wie bereits an anderer Stelle angedeutet, vielen China-Reisenden immer wieder der Zustand öffentlicher Toiletten über den Rücken laufen. Da gibt es Bedürfnisanstalten, die aus einem großen Raum mit wassergespülter Rinne bestehen, über der ein halbes Dutzend Chinamänner (oder -frauen) mit heruntergelassener Hose hockt, um scheinbar einen Weltrekordversuch im Simultan-Pullern und Parallel-Koten aufzustellen. Ein Anblick, der selbst bei einer bis zum Zerbersten gefüllten Blase nicht wenige davon überzeugt, dass sie doch gar nicht so nötig müssen und locker noch bis zur abendlichen Heimkehr ins Hotel aushalten können.

Auch der Hygienezustand vieler WC-Anlagen, der selbst bei verstopfter Nase oft drei Meilen gegen den Wind mit dem Riechkolben wahrgenommen werden kann, ist berühmt-berüchtigt. Nun darf aber kollektiv aufgeatmet werden. Denn die chinesische Regierung hat unlängst qua Gesetz den Zustand der Toiletten neu geregelt. So sind seither Wasser- und Urin-Lachen auf den Böden der sanitären Anlagen auf Flughäfen, Bahnhöfen, in Krankenhäusern und Parks nicht mehr gestattet.

Außerdem wurde dem Ort, an dem viele dem Ruf der Natur folgen, ein Regelwerk für Mutter Natur auferlegt. Die Erben Mao Tse-tungs haben nämlich dafür Sorge zu tragen, dass pro stillem Örtchen maximal zwei Fliegen anzutreffen sind. Wobei es egal ist, ob diese tot oder lebendig sind. Nach der jahrelang praktizierten Ein-Kind-Politik ist die Regierung nun also wild entschlossen, konsequent auch eine Zwei-Fliegen-Politik zu verfolgen.

Bleibt nur zu hoffen, dass auch die ungeliebten Brummer dies akzeptieren und schnell eine Fliege machen. Andernfalls droht ihnen – wie anderen Delinquentinnen und Delinquenten in China auch – die Todesstrafe. Man kann davon ausgehen, dass diese direkt vor Ort ohne jeden Richterspruch mit einem Genickschlag vollstreckt wird. Vermutlich werden selbst die Scharfrichterinnen und Scharfrichter des Landes, die bis dato keiner Fliegen etwas antun konnten, eigens für diesen Zweck mit einer Fliegenklatsche ausgestattet. Gesetz ist schließlich Gesetz.

Apropos Gesetz – in der chinesischen Provinz Shenzhen steht das Danebenpinkeln unter Strafe. Wer nicht genug Zielwasser getrunken hat und dabei ertappt wird, wie er mehr oder weniger versehentlich den gekachelten Raum „wässert", muss mit einer Geldstrafe in Höhe von 100 Yuan, was etwa 13,50 Euro entspricht, rechnen. Derweil werden im fernen Singapur diejenigen empfindlich zur Kasse gebeten, die eine Toilette nach der Benutzung nicht gründlich gespült haben.

Ach ja, und noch etwas: Viele Menschen müssen regelmäßig förmlich zur Toilette rennen. Vielerorts lässt sich mittlerweile mit der Toilette rennen. So etwa in Breckenridge im US-Bundesstaat Colorado, wo jährlich am Vatertag im Rahmen des Kingdom Days mit selbst gezimmerten Plumpsklos und „aktivem" Toilettengast ein Rennen um den goldenen „Thron" steigt.
💻 https://www.breckenridgewhitewater.com/2015/all-about-the-breck-town-party-kingdom-days/

Im litauischen Dorf Skrebuliai findet derweil seit mehr als einem Jahrzehnt immer in den Wintermonaten ein Klo-to-go-Rennen statt. Auf einem zugefrorenen See müssen Teams, bestehend aus drei schiebenden und einer auf dem Klo sitzenden Person, mit vollem Körpereinsatz Dixitoiletten möglichst schnell über einen 150 Meter langen Parcours befördern. Bei der Vergabe des Titels dieses Spaßwettbewerbs soll es dabei ungeachtet des rutschigen Geläufs ohne Schiebung zugehen.

Dass man WC-Schüsseln auch zu etwas anderem als für seine Notdurft nutzen kann, beweist gleich eine Reihe von Trend-Restaurants, die derzeit in Taiwan in Mode sind. Die Etablissements der Kette „Modern Toilet" (💻 www.moderntoilet.com.tw) warten hier auf Gourmet-Gäste, die auf Klos sitzen und ihre Bestellung aus Toiletten-Becken essen möchten. Statt Servietten nutzen die Kundinnen und Kunden passend dazu Klopapier.

In Holland wiederum ist zugegebenermaßen nicht alles Käse. Nein, es gibt auch leckeren Vla oder Frikandeln. In punkto Genuss hat der Geschmack der holländischen Bevölkerung so oder so offenbar mächtig gelitten. Bei einer repräsentativen Umfrage unter 1.000 Meisjes und Heinekens – wie die männlichen Käsefeen heißen, wissen wir leider nicht – kam nämlich heraus, dass 88 Prozent einen Toilettengang am meisten genießen. Eine ausgiebige Sitzung auf dem stillen Örtchen ist für die Radfahrernation offensichtlich das höchste der Gefühle.

Deutlich sogar vor körperlichen Gefühlen. Denn Sex verpasste als Vierter den Sprung auf das Siegertreppchen klar. Zwischen körperlicher Leidenschaft und den Klobesuch schoben sich ein Gespräch unter Freundinnen und Freunden und Freizeitaktivitäten in der Natur. Wobei Letzteres unseres Erachtens nach Sex und Toilettengänge nicht zwingend ausschließen muss. Gleichwohl drängt sich die Frage auf, woher diese merkwürdige Vorliebe kommt, die Liebe so weit hinten anzustellen?

Wir stellen uns vor, dass die Genussholländerinnen und Genussholländer nach einem guten Gespräch mit Bekannten nach Hause gehen, wo sie dann der Ruf der Natur ereilt. Also tun sie das, was sie am liebsten tut. Und das kann dauern. Sogar so lange, dass die willige Partnerin oder der willige Partner bis dahin eingeschlafen ist. Und dann kann man sich beim Klobesuch auch Zeit lassen. Ob diese Strategie auch auf Reisen greift, ließ die Studie leider offen.

In New Hampshire in den USA ist es übrigens qua Gesetz verboten, bei der sonntäglichen Nutzung einer Toilette in den Himmel zu starren. Und wer in Japan das stille Örtchen besucht, muss dafür anstelle der Straßen- oder Hausschuhe in spezielle Toilettenschuhe schlüpfen.

Die iPott-Revolution

Klar, müssen müssen wir alle einmal. Mitunter gar mehrmals täglich. Während die einen ihr kleines und großes Geschäft schnellstmöglich hinter sich lassen, lassen andere ganz ohne Eile den Dingen ihren Lauf. Dabei setzen sie, wie schon viele Generationen zuvor, auf etwas Zerstreuung beim Toilettengang. Zeitungen und Bücher gehören hier zu den gängigen Artikeln. Wobei diese in längst vergangenen

Zeiten erst gelesen, dann als Klopapier verwendet wurden.

Im digitalen Zeitalter spazieren viele aber nicht länger mit der Zeitung oder dem Buch unterm Arm zu dem Ort, zu dem selbst der Kaiser zu Fuß geht. Nein, Smartphone und Tablet-PC sind häufige Begleiter bei längeren Sitzungen. Die systematische Ablenkung vom Kern-Geschäft könnte jetzt zum großen Geschäft für die Industrie werden. Findige Geschäftsleute auf der anderen Seite des großen Teichs haben nun den „iPotty“ entwickelt. Dies ist kein Produkt mit einem angebissenen Apfel darauf, in das man sich digitalgesteuert entleert, sondern ein speziell entwickelter Toilettenaufsatz für kleine Kinder mit einer stabilen Halterung für einen Tablet-PC.

Ausgestattet ist das moderne Töpfchen für den Nachwuchs von heute mit einem Plastikschutz, damit eventuelle Zielungenauigkeiten mit einem „Wisch und weg“ beseitigt werden können. Für umgerechnet rund 35 Euro ist der Toilettenaufsatz quasi ein Muss für alle Eltern, die sonst immer, wenn die Kleinen mal müssen, Stallwache halten müssen.

Der iPotty verschafft nun etwas Ablenkung und Zerstreuung für die Kleinen, die, sofern der Tablet-PC mit den richtigen Spielen und Programmen bestückt ist, so gerne einmal etwas länger über dem Schüsselchen thronen dürften und Mama und Papa so mehr Zeitraum für sonstige Erledigungen einräumen.

Und wahrscheinlich ist es nur eine Frage der Zeit, bis die Entwickler eine etwas größere Form des Toilettenaufsatzes auch für Erwachsene entwickeln. Der hieße dann vermutlich iPott und könnte mehr als nur Musik abspielen.

Griff ins Klo

Abgaben an den Staat sind zwar Bürgerpflicht, doch nur die wenigsten entrichten diese gern, möchten sie die sauer verdienten Euro und Cent doch lieber für andere Dinge ausgeben, die mehr Freude bereiten als das Begleichen einer Steuerschuld. Und so versucht ein jeder die persönliche Steuerlast so gering wie möglich zu halten. Einige suchen gemeinsam mit der Steuerberaterin oder dem Steuerberater ihres Vertrauens nach Möglichkeiten, wie Steuern gespart oder zumindest reduziert werden können. Andere haben da ganz eigene Ideen und Vorstellungen.

Unter gewissen Voraussetzungen lässt sich beispielsweise ein Arbeitszimmer in den eigenen vier Wänden steuerlich absetzen. Auch können die durch die Heimarbeit verursachten Stromkosten sowie etwaige Renovierungskosten anteilig abgesetzt werden. Ausgerechnet ein Finanzbeamter aus Süddeutschland wollte nun weiteres steuerliches Absatzpotential an seinem Heimarbeitsplatz entdeckt haben. Denn während er in seinem Privathaushalt den Dienstgeschäften nachkommt, muss er ab und an auch anderen Geschäften nachkommen. Soll heißen, ab und an muss der eifrige Beamte seine Heimarbeit unterbrechen, um dem Ruf der Natur zu folgen.

Am normalen Arbeitsplatz in seiner Behörde sind Toilettengänge ganz normale Vorgänge, die in der Arbeitszeit erledigt werden. Gleiches wollte der Staatsdiener nun auch für sein Gäste-WC zu Hause in Anspruch nehmen. Schließlich wird bei so einem Toilettengang neben Wasser für die Spülung eventuell auch Strom für das Einschalten des Lichts verbraucht und sogar noch Wasser und Seife für das Reinigen der Hände benutzt.

Als gewissenhafter Beamter führte unser Freund dann auch genauestens Buch über seine privaten und dienstliche Toilettengänge in seinen eigenen vier Wänden. Mit dem Ziel, seine dienstlichen Toilettennutzung steuerlich geltend zu machen. Doch weder sein Dienstherr noch das hohe Gericht in Stuttgart wollten seine Auffassung über dienstliche Toilettengänge teilen und wiesen den Antrag zurück. Was für unseren Finanzbeamten fraglos ein Griff ins Klo gewesen sein muss.

Die 46-Stunden-Toilettenwoche

Auch auf die Gefahr hin, dass der eine oder andere nun verächtlich die Nase rümpft, wollen wir abschließend noch einmal einen gründlichen Blick in das stille Örtchen werfen. Also auf jenen Ort, den nicht nur der Kaiser zu Fuß aufsucht, sondern tagtäglich auch Tausende von Angestellten. Deren Toilettengänge standen im Fokus einer Studie mit 6.000 Teilnehmerinnen und Teilnehmern im Auftrag eines Hygieneservice-Anbieters. Und siehe da, der gemeine Bürohengst scheint sich klomäßig zu vergaloppieren und das WC mit einem Ort der Entspannung vom mitunter überaus stressigen Arbeitsalltag zu verwechseln.

Ganze 46 Stunden pro Jahr avanciert der gekachelte Raum zum bevorzugten Aufenthaltsort einer jeden Mitarbeiterin und eines jeden Mitarbeiters. Dies entspricht in vielen Berufszweigen mehr als einer kompletten Arbeitswoche, die klobedingt pro anno verloren geht.

Dass das Gros der Mitarbeiter dort während der Sitzungen über Fragen aus dem jeweiligen Arbeitsfeld und Aufgabenbereich brütet, scheint eher unwahrscheinlich. Gleichwohl förderte die Studie ein genaues Bild von dem, was die Angestellten hinter der verschlossenen WC-Tür so tun, hervor.

Klar folgen viele auch in den Betonklötzen, in denen ihr Arbeitsplatz liegt, dem Ruf der Natur. Doch offenbar bleibt dabei genügend Zeit für anderes. Da sich nur die wenigsten mit einer Zeitung unter dem Arm Richtung Toilette verabschieden mögen, um nicht den Spott der Kollegschaft zu ernten, setzen sie bei der Sitzung wohl eher auf digitale Kommunikationstechnik.

Jede bzw. jeder Neunte, was 11,5 Prozent der Befragten entspricht, gab an, die Stille des stillen Örtchens zu unterbrechen und dort mit dem Handy zu telefonieren. Wobei die vermutlich ahnungslosen Gesprächspartnerinnen und -partner am anderen Ende der Leitung froh sein dürften, dass es keine Geruchstelefone gibt. Eventuelle Nebengeräusche dürften schließlich schon irritierend genug sein.

Was genau auf dem Thron besprochen wird, ließ die Studie offen. Es ist aber unwahrscheinlich, dass nur kurz bei einem Lieferservice oder einer Kollegin oder einem Kollegen anbimmelt wird, weil gerade das Papier alle ist.

Jede bzw. jeder Vierzehnte (7,2 Prozent) nutzt den Toilettenbesuch, um mittels seines Smartphones ein wenig zu surfen. Vermutlich, um über Twitter oder Facebook seinen Freundinnen und Freunden einen kurzen Statusbericht von ihrem bzw. seinem Aufenthaltsort zu senden.

Derweil gaben immerhin 3,6 Prozent vor, auf dem WC in Arbeitsunterlagen zu blättern. Wobei die Studie offen ließ, ob diese die Dokumente erst vor dem Körper hatten und dann hinter Selbigem unterhalb der Gürtellinie. Doch so tief wollen wir nun wirklich nicht in die bizarre Klogeschichte abtauchen.

Glossar

▷ **German Toilet Organization** – wie der Weltverband, die World Toilet Organization (siehe Seite 86), setzt sich die deutsche Toilettenorgansiation für verbesserte sanitäre Anlagen weltweit ein und verfolgt das Ziel, jedem Menschen einen Toilettenzugang zu ermöglichen.
💻 www.germantoilet.org

▷ **Paruresis** – vor allem Männer sind von einer sogenannten psychisch bedingten Entleerungsstörung, der Paruresis, betroffen. Das heißt, unter Zeitdruck oder im Beisein anderer gelingt es ihnen nicht, auch nur ein Tröpfchen rauszudrücken, egal wie nötig sie müssen. Im Extremfall kann dies dazu führen, dass Betroffene kaum vor die Tür gehen – aus Angst, unterwegs mal zu müssen.
Mehr Informationen dazu unter 💻 www.paruresis.de.

- **Rhypophobie** – ähnliche Ängste wie bei der Paruresis kommen bei einer Rhypophobie zum Tragen. Betroffene können unter Zeitdruck oder im Beisein anderer keinen Stuhlgang haben – oftmals auch nicht in öffentlichen Toiletten.
- **Valentin, Karl** – der am 4. Juni 1882 in München geborene Komiker hieß mit bürgerlichem Namen Valentin Ludwig Fey. Neben seinem feinen Sinn für Humor war der bayerische Dialekt das Markenzeichen des populären Spaßvogels, Volkssängers, Autors und Filmproduzenten, der am 9. Februar 1948 in Planegg bei München verstarb.
  Wissenswertes über das Leben und Werk des Künstlers findet sich unter
  💻 www.karl-valentin.de.
- **Welttoilettentag** – seit 2001 wird jährlich am 19. November der Welttoilettentag begangen. Damit soll darauf aufmerksam gemacht werden, dass mehr als 40 Prozent der Weltbevölkerung nach wie vor keinen Zugang zu einer Toilette oder sanitären Anlagen haben, was aufgrund der mangelnden Hygiene große gesundheitliche Gefahren birgt.
- **World Toilet Organization** – der internationale Dachverband versucht mit verschiedenen öffentlichkeitswirksamen Maßnahmen, die Situation sanitärer Einrichtungen weltweit zu verbessern.
  💻 www.worldtoilet.org

Literaturtipps

- Hanna Dietz: **Männerkrankheiten**, Ullstein Verlag,
  ISBN 978-3-548374123
- Wolf Erlbruch, Werner Holzwarth: **Vom kleinen Maulwurf, der wissen wollte, wer ihm auf den Kopf gemacht hat**, Hammer Verlag,
  ISBN 978-3-87294779-6
- Nele Moost, Michael Schober: **Welcher Po passt auf dieses Klo?**, Esslinger,
  ISBN 978-3-48022608-5
- Manuela Olten: **Muss mal Pipi**, Carlsen,
  ISBN 978-3-55151652-7
- Stefanie Rölz: **Klorigami**, Sheepworld Verlag,
  ISBN 978-3-93746047-5

▷ Rike Sommer: **Lokuspokus: Alles, was man über das stille Örtchen wissen muss,** Bastei Lübbe,
ISBN 978-3-43103756-2

▷ Oliviero Toscani: **Cacas. Enzyklopaedie der Kacke**, Taschen Verlag,
ISBN 978-3-82285775-5

Buchtipp aus dem Conrad Stein Verlag

Sex

Vorbereitung · Technik · Varianten

Dr. Robert Rose & Buck Tilton
OutdoorHandbuch Band 16
Basiswissen für draußen
96 Seiten ▸ 26 Illustrationen

ISBN 978-3-86686-016-2

>> **Nordis:** *„Es gibt einen Rucksack voller Gründe, die für einen Ratgeber wie diesen hier sprechen. Aber das finden Sie besser selbst heraus.“*

Internetseiten zum Thema

▷ **https://stillerort.wordpress.com** – der Name ist Programm. Der umfassende Blog widmet sich in Wort und Bild (und Video) den menschlichen Bedürfnissen.

▷ **www.klooseum.de** – der Internetauftritt des gleichnamigen privaten Museums in Wiesbaden. Die Sammlung umfasst alles vom Klopapierhalter über Klodeckel bis hin zu Spaßutensilien rund um das WC. Die Ausstellung kann nur mit Voranmeldung (per Telefon: +49 (0) 611/74 00, per E-Mail: info@klooseum.de) besucht werden.

▷ **www.sulabhtoiletmuseum.org** – der englischsprachige Webauftritt des indischen Toilettenmuseums enthält viel Wissenswertes über die Geschichte der Toilette

▷ **https://unkomuseum.com/** – Internetseite des japanischen Kotmuseums. Überdimensionale Haufen in poppigen Farben, Leute, die mit Kackhäufchen auf dem Kopf posieren oder in Grüppchen auf dem Klöchen für einen Schnappschuss posieren. Schön crazy!

Mehr wagen,
mehr genießen,
mehr sehen!
Basiswissen für draußen
praktisches Allgemeinwissen für Outdoorbegeisterte und alle, die es werden wollen
Tageswanderungen
Touren in den schönsten Wandergebieten Deutschlands und der ganzen Welt
Fernwanderwege
die idealen Wegbegleiter für alle mehrtägigen Wander-, Rad- und Kanutouren
Unterwegs mit den OUTDOOR-Wanderführern aus dem Conrad Stein Verlag.
Foto: Annika Müller
Regional „Katalonien"

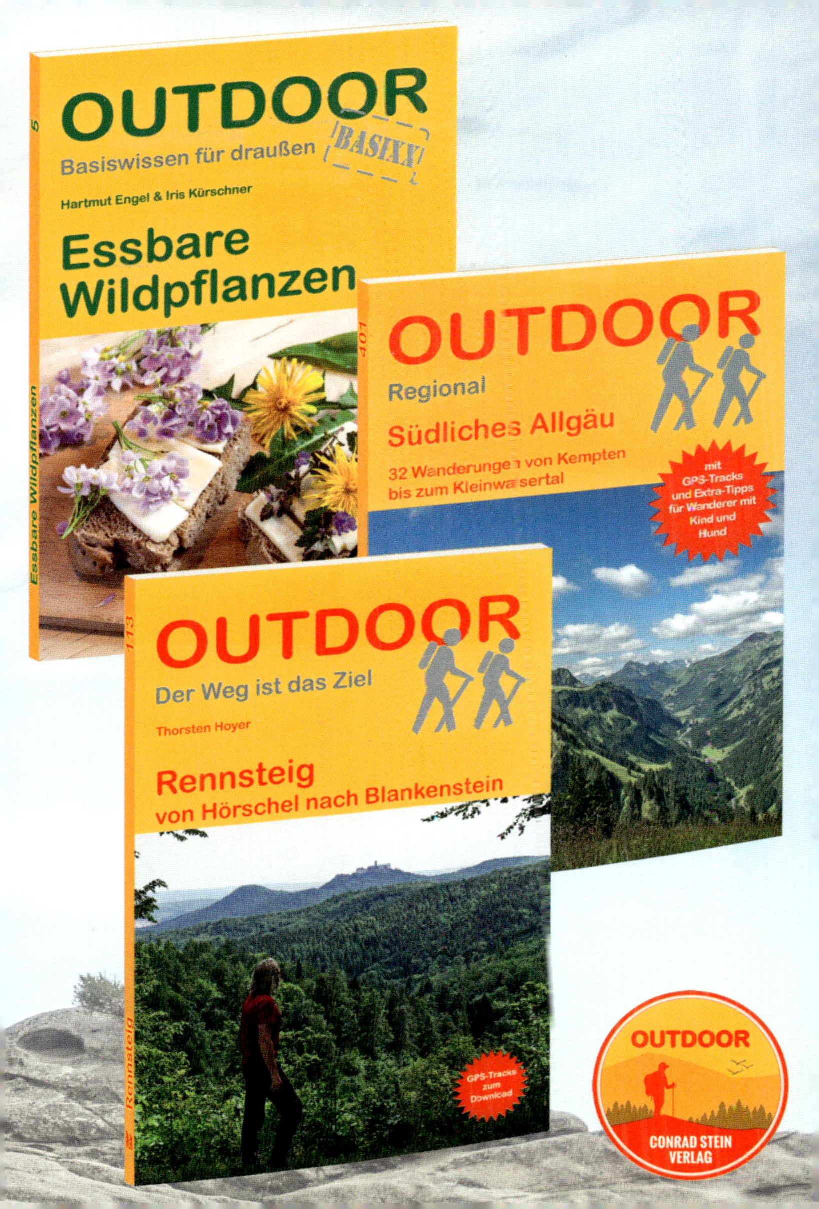

OUTDOOR
BASIXX
Basiswissen für draußen
Hartmut Engel & Iris Kürschner
Essbare Wildpflanzen
5
Essbare Wildpflanzen
OUTDOOR
Regional
Südliches Allgäu
32 Wanderungen von Kempten bis zum Kleinwalsertal
mit GPS-Tracks und Extra-Tipps für Wanderer mit Kind und Hund
401
OUTDOOR
Der Weg ist das Ziel
Thorsten Hoyer
Rennsteig
von Hörschel nach Blankenstein
113
Rennsteig
GPS-Tracks zum Download
OUTDOOR
CONRAD STEIN VERLAG

Werde Fan bei Facebook und Instagram!

www.facebook.com/outdoorverlag
www.instagram.com/outdoorverlag

Neue Bücher Outdoornews

Deine Fragen und Kommentare

Neuigkeiten aus dem Verlag

Messetermine & Veranstaltungen Fotos

Besuchen Sie uns doch einmal auf unserer Homepage.

OUTDOOR
CONRAD STEIN VERLAG

Dort finden Sie ...

... aktuelle Updates zu diesem OutdoorHandbuch und zu unseren anderen Reise- und OutdoorHandbüchern,
... Zitate aus Leserbriefen und Pressestimmen,
... interessante Links,
... unser komplettes und aktuelles Verlagsprogramm, auch zum Download.

www.conrad-stein-verlag.de